图书在版编目(CIP)数据

室内设计师.61，乡土改造/《室内设计师》编委会编.—北京：中国建筑工业出版社，2016.12
ISBN 978-7-112-20087-0

Ⅰ.①室… Ⅱ.①室… Ⅲ.①室内装饰设计－丛刊
Ⅳ.①TU238-55

中国版本图书馆CIP数据核字(2016)第273465号

室内设计师　61
乡土改造
《室内设计师》编委会　编
电子邮箱：ider2006@qq.com
微信公众号：Interior_Designers

中国建筑工业出版社出版、发行（北京西郊百万庄）
各地新华书店、建筑书店　经销
上海雅昌艺术印刷有限公司　制版、印刷

开本：965×1270毫米　1/16　印张：11½　字数：460千字
2016年12月第一版　2016年12月第一次印刷
定价：40.00元
ISBN 978-7-112-20087-0
（29561）

目录

CONTENTS

好的设计

撰 文 | 王受之

今年夏天，虽然大家提心吊胆，担心缺钱、缺经验的巴西里约热内卢的奥运会被搞砸了，但是总算整个奥运会过程还是顺利，特别是令全世界人担心的开幕式也十分顺利地结束了。对于这次开幕式，外界褒贬不一，我看几乎一边倒地说这届开幕式大大不如以前的两届，比如美国的《华盛顿邮报》就说："不好意思，里约，但是伦敦和北京已经摧毁了所有人心中的奥运开幕式。"文章里提到："里约热内卢尽力了，他们展现了一场完美的奥运开幕式。但是，至少从电视上看来，这次开幕式显得缓慢而且平淡。这届开幕式色彩斑斓也很有趣，但对于里约奥运会的组织者来说，问题在于北京和伦敦已经是夏季奥运会开幕式的极致。"据说这次开幕式耗费 4200 万美元，是伦敦奥运会开幕式的一半。开幕式强调的是人类对环境的破坏，以及对生态平衡的追求。

伦敦奥运会开幕式是噱头出尽，詹姆斯・邦德陪着女王高空跳伞，贝克汉姆手持奥运火炬乘船通过泰晤士河，辣妹组合唱绝全场。北京奥运会也是四大发明尽出，展现文化历史，特别是 2008 人一起击鼓、活字升降令人眼花缭乱。

巴西这个国家目前正面临困境，因此这一届开幕式设计师说："考虑到巴西的现状，这不是一届丰盛的开幕式，不会有北京那样的宏伟，不会有雅典那样巨大而特殊的影响力，也不会有伦敦那样的科技。巴西拥有世界上最后的花园（亚马逊热带雨林），我们需要谨慎对待它，我们尝试着去分享这个信息，这是充满希望的信息。这是一次现代的典礼，即使没有特殊的效果，它和人们谈论的是未来，以一种非常谦逊的方式，这次开幕式并不是为了展现巴西有多好或者有多现代。"如果就这个意义来说，我觉得这一次开幕式真是如愿以偿。

如果说从绚丽程度和绝招水平来看，伦敦、北京登峰造极，从文化内涵来说，我觉得索契冬季奥运会也是一个巅峰。但是我自己看了里约的开幕式，也感觉很平实、朴素，设计上也很到位，没有那么顶级的炫耀，却也做得很好，从设计的角度来说，是不错的。我总感觉设计应该有为功能主题服务的明确目的，不能够赋予它太多超过设计本身能够肩负的责任和压力，否则就会走题。看看《华盛顿邮报》的说法，也无可厚非，因为此文是说"伦敦和北京已经摧毁了所有人心中的奥运开幕式"，也就是说所有人心目中的奥运会就是一个运动会的开幕式，而伦敦和北京，还有以前几届不断的奢华型攀比造成了设计越来越炫耀、越来越夸张的情况，我想如果再不出现一个类似里约这样钱不多、老老实实做的奥运会，恐怕以后难以为继了，奥运会只有超级富裕的城市才能承办了。而如果这样，那么举办奢华奥运会对于奥林匹克运动普及运动的目的来说，是背道而驰的。

设计其实总是包含有艺术形式外表、功能内容实质两个方面，对于不同的设计来说，艺术或者功能的侧重比例不同。开幕式这类活动的设计，是综合各种门类的大设计，如果从功能性来说，仪式成分巨大，而功能成分——运动员进场等等，则总是被仪式成分裹挟，往往造成一种只需要仪式形式的错觉。需要仪式的宏伟、震撼，各种技术被用到极致，移山倒海的设计，获得短短的兴奋，也是无可厚非。但是凡事总应该有个尺度，这个尺度如何确定，估计无人能够做出，但是我总以为适度才叫好，而不是无限的设计。

设计一般都具有功能性和审美性两方面的特点，好用（功能性）和好看（审美性）是我们进行设计时的考虑核心。设计一张海报，需要很准确地传达出海报的内容（功能性），同时还需要好看、容易记忆、让人喜欢（审美性）。功能性肯定是设计最重要的关键，但是审美水平也很重要，没人喜欢功能好但是难看的产品。开幕式的设计也应当好用——顺利把需要的程序走完、介绍各国参赛的运动员入场、精炼地介绍主办国的历史文化等；审美性则是很重要的，开幕式是娱乐设计的一个重要环节，要有绚丽的色彩、丰富的文化内涵、赏心悦目的场景、悦耳动听的音乐、庄严的形式。因此，开幕式设计依然是设计的环节和设计的组成部分，也就是说需要遵循设计的原则。

我很欣赏德国当代设计大师迪特・拉姆斯（Dieter Rams）提出好的设计有十个原则（ten

里约奥运会开幕式

principles of "good design")，因为用这十个原则来看哪方面的设计都很合适，我们可以用这些原则来看看里约开幕式的设计。

第一条：好的设计是具有创新性的(good design is innovative)，应该竭尽全力去使用新技术的潜力，因为新技术给创新设计提供了新的机会。我们看到的这些奥运会开幕闭幕仪式的设计都用了新的技术，并且都用到了极致，投影、3D、照明，每一届的开幕式都达到开幕仪式的目的，也就无可厚非了。

第二条：好的设计是好用的设计 (good design makes a product useful)，产品是使用的，不仅仅是满足功能，同时也要满足心理功能、审美功能。好的设计集中在于好的使用性，而摈弃一切阻碍好用性的问题。开幕式设计如果过于炫耀形式，反而有华而不实的问题。

第三条：好的设计是好看的，具有审美水平的 (good design is aesthetic)，拉姆斯认为，好的设计，是既好用又好看的，也就是形式和功能统一的，只有满足人们各方面功能需求的设计，才有可能达到好看的水平。这么来看，战后的奥运会开幕式都很好看，各有特点，虽然所费不同，在好看上也都没有多大的差距。

第四条：好的设计是容易看懂的产品，不是那种看了不知道怎么用的设计 (good design makes a product understandable)，产品设计需要结构交待清晰。最好的设计，是产品能够自己解释自己使用方法的设计，无需说明书帮忙。开幕式的设计表达的内容，最好是不需要言语解释就一目了然，这样来说，哪个设计更好，可能很容易评价出来。

第五条：好的设计是不显眼的设计 (good design is unobtrusive)，好多产品都是工具，无需艺术装饰，因此，这类产品应该中性、低调，给使用者自己发挥的空间。这一条用在需要张扬的开幕式上未必完全合适，但是想想，如果能够在表演中不经意就开开心心地开幕了，比那种声嘶力竭要说明一个主题的设计不是要舒服得多吗?

第六条：好的设计是诚挚的设计 (good design is honest)，产品的使用目的达到了就行了，无需画蛇添足的创新、表现来增加价值感，特别不要给消费者产品本身并没有或者达不到的空头许诺感。一个开幕式能够诚恳地把内容告诉观众，就是好的设计，我觉得里约的开幕式倒是很老老实实的。

第七条：好的设计是经久耐用的产品 (good design is long-lasting)，设计要避免追逐时尚，所以也就不会过时，不像时尚产品，普通产品总是可以使用好多年，即便在当今这个用毕即弃的社会中，好的耐用产品依然可以毫不过时地使用下去。这一条对开幕式设计关系不大，因为是一个仪式，用了就过去了，并不需要经久耐用。

第八条：好的设计是精心关注细节的设计 (good design is thorough down to the last detail)，在设计中不要留下任何不足、遗憾，设计程序准确细心，是对消费者的负责。在细节设计上，巴西的开幕式的确瑕疵不少，在最后东京的十分钟表演则给我们一个细节关心的典范，因此我很期待看东京那一届的设计。

第九条：好的设计是保护自然环境的设计 (good design is environmentally friendly)，当今设计的产品是环境保护的重要手段，一方面通过产品的生命周期保护自然资源，另一方面减少物理、视觉上的污染。在开幕式设计上，不可能什么都不影响，但是越少移山倒海的工程，越少事后需要很大功夫修复的工程，越少事后搁置不用的工程，是重要的标准。

第十条：好的设计是尽量做到少设计 (good design is as little design as possible)，设计少，而产品更好，是因为少设计迫使设计师集中所有的产品关键于一身，产品不必为非需要的功能承受沉重的负担，设计因此回复到纯粹、简单。这一点对于做仪式设计最难。巴西人年年举办嘉年华和狂欢节，因此，在这次开幕、闭幕式中以物尽其用的方式，把自己年年一样的嘉年华和狂欢节引入设计，也是值得表扬的。

近年来经济发展，财富增加，各国都希望能够通过大型国际活动来建立自己的国家形象，奥运会开幕式自然是非常重要的平台。通过对“好的设计”的讲述，我倒是很希望提倡不完全用金钱堆砌的设计路线，让设计真的变成设计，而不是攀比。END

乡土改造：一场“诗与远方”的实践

撰 文 | 紫妍

“诗与远方”是当今社会的热点词汇，人们对诗意、梦想和逃离城市的渴望变得愈加炙热。生活在都市中的人，在千篇一律的钢铁水泥中慢慢麻木，对日复一日的工作懈怠疲倦，真正适合生活的仿佛只剩远方的乡村和田野。故而近年来休闲农业和乡村旅游得到了快速发展。在设计圈，乡土改造的话题，无论是在学术界还是实践领域，都从建筑学的边缘领域回归热点，这也正贴合了现代人对安逸、松弛生活状态的渴求。

中国拥有广阔的乡村土地，农田、树林、山川河流等自然资源丰富，正是现代人心中诗意的梦境。在现代社会极度商业化的时空中，逃离城市中心，回到农村，回到自然间去，成为一种新的休闲潮流。乡村酒店、民居民宿、禅意小镇等成为出行搜索的高频热点话题，乡村的土地也成为设计师们大展身手的舞台。大批设计师顺应时代潮流，开始“回头看”，在都市之外寻找更多的实践可能。摆脱了城市用地的局促，不用再受限于玻璃框架的冷漠表情，加之广阔而丰富的景观资源，乡土场所的自由度和生态资源无疑为设计带来了诸多利好因素。

在建造技术发达的今天，当我们重新面对乡村与田野，拥有了更自信的姿态。当代先进的技术水平和生产力为乡土改造奠定了坚实的基础，无论是材料的使用、结构的选择，还是空间的形态都拥有了更多的可能性。然而如何在现代和传统之间进行权衡与把握，如何建立起人工与自然的适度关联，成为了设计师思考的重点。传统乡土建筑悠远发展中取得的成就和经验给了设计师无尽的创作灵感，带来了许多优秀的地域性新乡土建筑。

当今乡土改造的实践成果已然十分丰富，本期主题所精选的相关项目的场所包含了茶园、稻田、山林、竹海，类型涵盖了茶室、酒店、餐厅、市集、博物馆等。设计师们在这方土地探索了诸多可能性，同时将原本分布于城市核心的功能逐步分散到城市外围的乡土环境中，为城里人工作之余的休闲度假提供了更多的选择。传统乡村的活力被重新点燃，在延续地方文脉与文化的同时，将现代化的生活方式注入这一片片沉寂的土地。当城市的人抵达这里时，能暂时褪去浮躁的心灵外衣，体会一份拙朴、悠然的恬淡。END

松阳实践

SONGYANG PRACTISE

松阳，隶属于浙江省丽水市，位于浙江省西南部，
隐藏着100多个格局完整的传统村落。
来自北京的建筑师徐甜甜在过去的两年里跑了40多次松阳，
用很少的预算打造了三个非常特别的乡村建筑。
在这些项目中，她试图尽可能利用项目自身条件解决设计问题。

松阳茶园竹亭

SONGYANG BAMBOO PAVILION

资料提供 | 北京DnA－Design and Architecture建筑事务所

地　点	浙江省丽水市松阳县大木山骑行茶园
设计公司	北京DnA－Design and Architecture建筑事务所
主持建筑师	徐甜甜
设计团队	徐甜甜、张龙潇、黎林欣、胡暮怀
业　主	松阳县旅游发展有限公司
项目功能	休闲、文化、景观
建筑材料	毛竹、雷竹
设计时间	2014年8月~2014年9月
施工时间	2014年10月~2015年1月
竣工时间	2015年1月

浙江省西南部的松阳县是中国传统村落保护发展示范县，人称“惟此桃花源，四塞无他虞”。大木山茶园位处县城附近，是主要产茶农作区和重要旅游景点，附近有为数不少的村落，也是到达松阳古村落旅游的途经之处。茶园平时主要是当地茶农劳作，兼有部分游客。每年的采茶季节尤其清明前都有大量受雇的外地茶工，一家三代偕老带幼。附近村庄的老人也经常带着孩子和狗来茶园散步。大木山茶园目前缺乏劳作休憩场所和村民们玩耍游戏的空间。

竹亭设计需要满足各种人群的功能需求，也体现松阳古村落文化，并充分结合茶园自然生态环境。整体采用一系列单体亭子和平台，如同当地村落顺地势排列，贴近茶田并自然围合出小庭院。形态参照茶农自建休息亭，兼顾休憩与活动，尺度设定于介于小广场和传统单体亭子两种之间，选择了6.6m和5.1m两种适宜活动以及容纳较多人数的空间跨度。坡屋顶有30°、45°、60°三种形式，随着茶田高差自然起落，与远处山脉产生对话，如同漂浮的村落。END

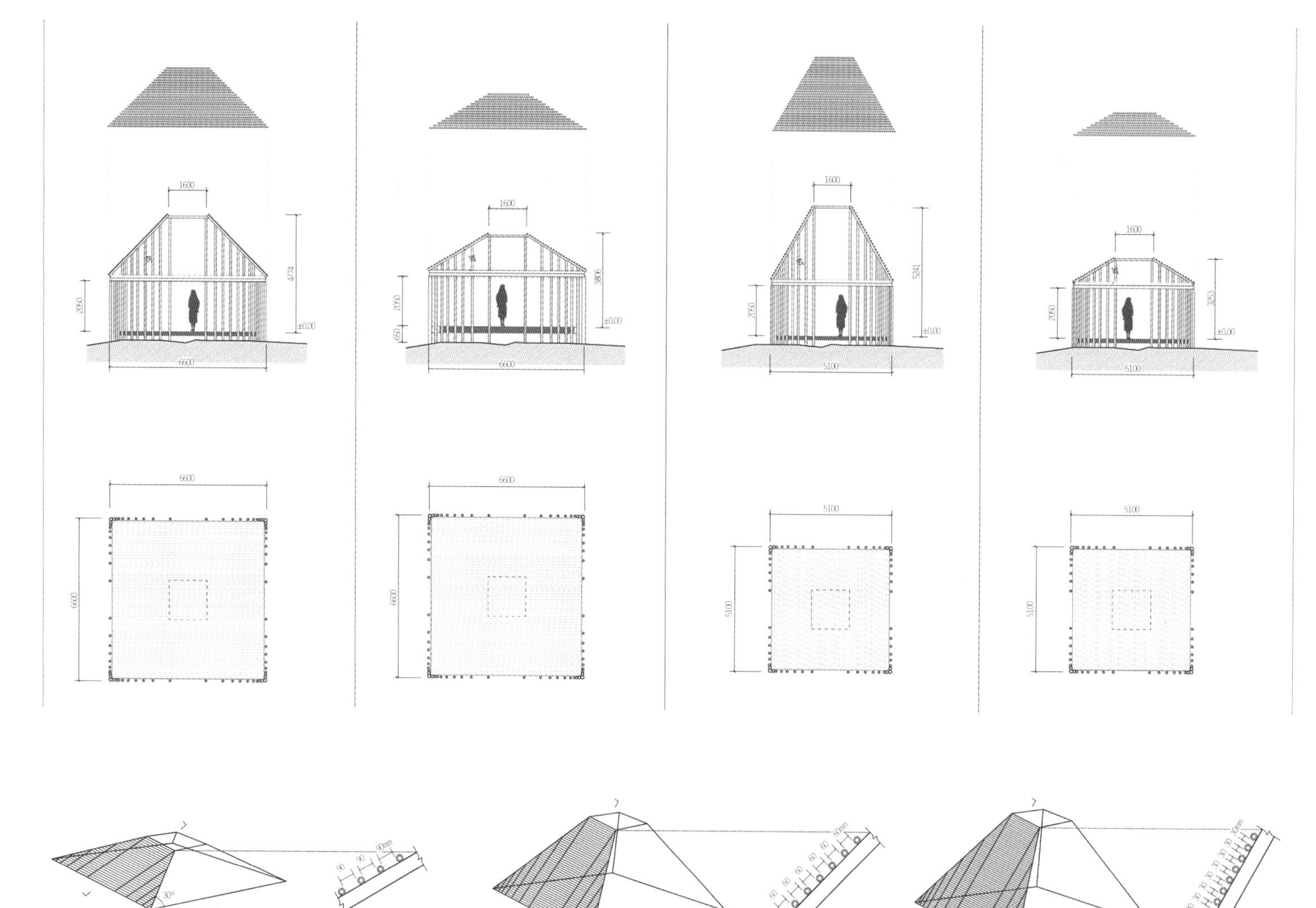
1600
4774
2050
±0.00
6600
6600
6600
1600
3806
2050
650
±0.00
6600
6600
6600
1600
5241
2050
±0.00
5100
5100
5100
1600
3253
2050
±0.00
5100
5100
5100
30°
90mm
45°
60mm
60°
30mm

1 2 3	4 5

1 单个亭子平立面

2 格栅密度随角度变化

3 剖面图

4.5 茶亭形态参照茶农自建休息亭，兼顾休憩与活动作用

松阳大木山茶室

SONGYANG DAMUSHAN TEA HOUSE

资料提供 | 北京DnA－Design and Architecture建筑事务所

地　点	浙江省丽水市松阳县大木山骑行茶园
设计公司	北京DnA－Design and Architecture建筑事务所
主持建筑师	徐甜甜
设计团队	徐甜甜、张龙潇、周洋
室内设计	北京DnA－Design and Architecture建筑事务所
照明设计	清华大学建筑学院张昕工作室（张昕、韩晓伟、周轩宇）
业　主	松阳县旅游发展有限公司
项目功能	茶室、茶艺培训
结构体系	剪力墙结构
建筑面积	477.75m^2
占地面积	372.83m^2
设计时间	2014年12月~2015年1月
施工时间	2015年2月~2015年8月
竣工时间	2015年8月

1 南端尽头的冥想空间面向西侧湖面，圆形开口是向外观景的景窗

2 东侧是一个抽象的庭院和一棵孤立的树

3 茶室位于大木山茶园景区的核心地带

茶室位于浙江省松阳县大木山茶园景区，面向西侧的水库，现状是一个较为狭长的线性场地，场地内保留了原有的五棵梧桐树，南侧建有一座线性的休憩长廊，为传统的坡顶形制。树影、阳光、波光、茶田，周围环境里的自然元素，都成为茶室构建起来的场地条件。

茶室建筑分为北侧的公共区块——提供喝茶简餐以及定期茶艺培训空间，和南侧的两个庭院茶室。建筑延续场地现有的休憩长廊的线性坡顶形态，也是对当地建筑语言的一种回应。北侧体块退让到五棵梧桐树之后留出树下的公共活动区域，南侧则出挑水面。一个开放的公共走道穿越地块和建筑构成了循环的“8”字形回路，以“回廊”概念应对现状的“长廊”。屋顶切出线性天窗，将光线引入室内。建筑空间的背景是深色的清水混凝土、作为结构和材料的统一表达。

功能空间的组织和过渡的张弛收放，通过不同方向上的空间尺度、光线的照入形式和亮暗来强调。北侧公共茶室兼具公共茶饮和培训功能，和室外的五棵梧桐树等自然元素一起围合出一个挑高空间：下午的阳光会把斑驳的树影投射在深色的墙面和地面，给静态的建筑空间带来随风晃动的光影。公共空间和二楼的私密小茶室之间，由闭合的楼梯间和水平走廊转换空间属性。二楼三间小茶室可以席地而坐，透过建筑的玻璃幕墙远望水面波光。南侧两个临水庭院茶室，通过一条刻意压暗的走廊来铺垫引导。庭院茶室东西两侧的玻璃门都是可以完全打开的，西侧面向外面的自然景观，如同框景。东侧是一个抽象的庭院，和一棵孤立的树。

南端尽头的冥想空间面向西侧湖面，既可以作为庭院茶室的延伸也可相对独立，圆形开口是向外观景的景窗，更是一个接入自然的转换器：下午，太阳及其在水里的反射，通过圆洞会形成两个投影光圈，随夕阳西下而慢慢交汇。

茶室的存在，不是为了表现自我，而是当人进入这个建筑后，品茶观景，可以对外面的山水景观有更多的理解。END

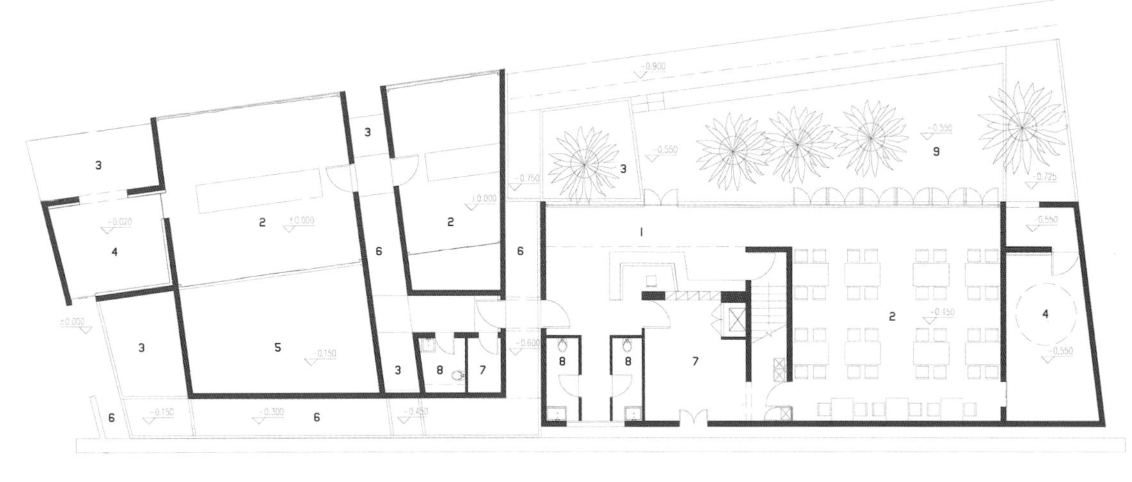

1 门厅
2 茶室
3 浅水池
4 冥想空间
5 庭院
6 走廊
7 备餐间
8 卫生间
9 室外平台

1 一层平面

2 竖向拔高的楼梯空间，是从公共空间到二楼茶室的过渡

3 冥想空间的圆形切口亦是接入自然的转换器

4 西侧面向外面的自然景观，如同框景

1 屋顶采用线性的天窗引入顶光，同时也在暗示空间的节奏

2 独立茶室内两侧的玻璃门，都是可以完全打开的

3 建筑空间的背景是深色的清水混凝土，下午的阳光会把斑驳的树影和湖面的波光，投射在墙面、屋顶，给静态的建筑空间带来流光溢彩

4 茶室门前树影斑驳

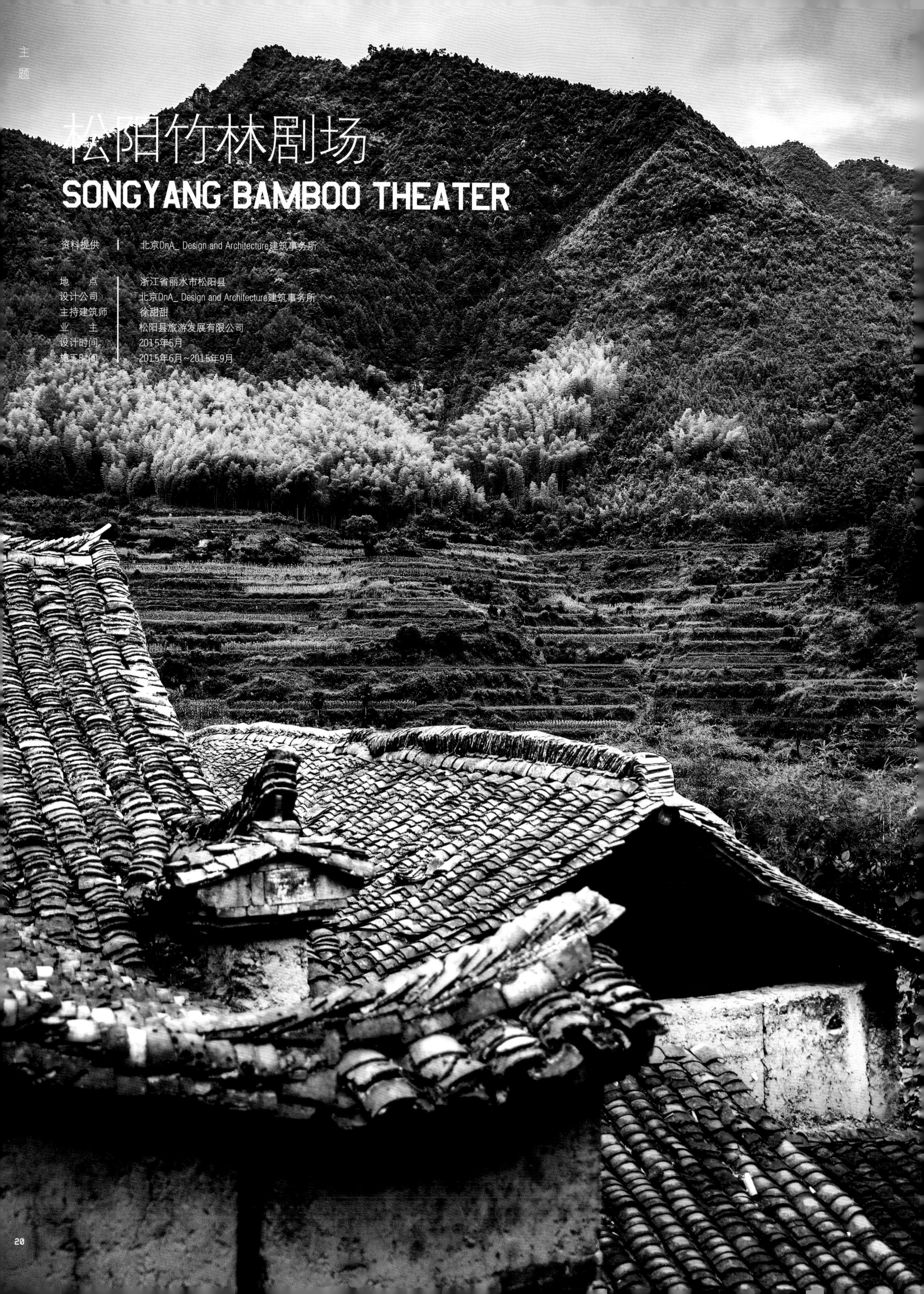

松阳竹林剧场

SONGYANG BAMBOO THEATER

资料提供 | 北京DnA_ Design and Architecture建筑事务所

地　　点	浙江省丽水市松阳县
设计公司	北京DnA_ Design and Architecture建筑事务所
主持建筑师	徐甜甜
业　　主	松阳县旅游发展有限公司
设计时间	2015年5月
施工时间	2015年6月~2015年9月

1 远观竹林
2 将毛竹下弯形成类似穹顶的空间
3 “穹顶”下的活动

松阳县的很多古村落都生长着漫山遍野的毛竹林，远观甚是壮观，美丽而富有诗意，但是竹林深处却没有可以停留的空间。所以设计师想深入竹林里，找一些有趣的可能性，但是又不想过多砍伐竹子，而希望让其继续生长。通过观察和研究，设计师发现毛竹有很强的韧性，地上是已经长成的地下横走茎上萌发的芽，一片毛竹林是由同一根横走茎萌发，因此毛竹的根系如同建筑的基础，具有非常强的整体性，所以竹子可以下弯一定程度，而保持完好的生长状态。设计师通过下拉的方法操作毛竹使其下弯，在竹林内部的空地中，把四周的毛竹有秩序地下拉，围合出类似穹顶的状态，这里便形成了一个可停留的空间，而且是可以持续生长的空间。END

平田农耕博物馆

PINGTIAN AGRICULTURAL MUSEUM

资料提供 | 北京DnA – Design and Architecture建筑事务所

地　　点　浙江省丽水市松阳县平田村
设计单位　北京DnA – Design and Architecture建筑事务所
主持建筑师　徐甜甜
设计团队　徐甜甜、张龙潇、周洋、黎琳欣
室内设计　北京DnA – Design and Architecture建筑事务所
照明设计　清华大学建筑学院张昕工作室（张昕、韩晓伟、周轩宇）
业　　主　松阳县四都乡人民政府
项目功能　博物馆、工作坊
结构体系　木结构
建筑面积　307.7m²
设计时间　2014年10月~2014年11月
施工时间　2014年11月~2015年6月
竣工时间　2015年6月

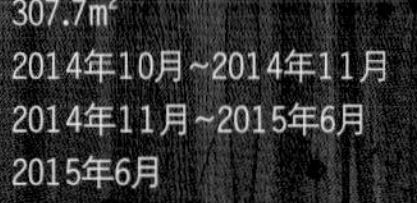

1 手工作坊采光廊道
2 农耕馆外观
3 区域分析图
4 农耕馆庭院

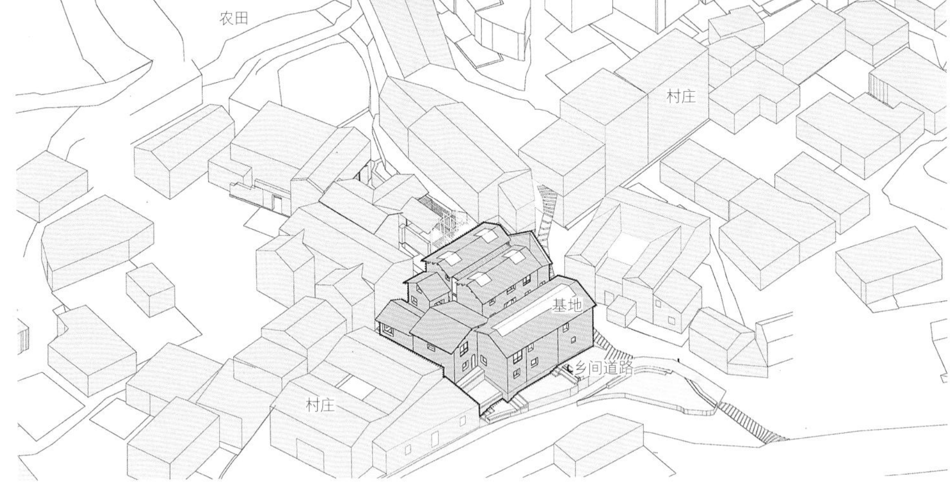

平田村隶属浙江省丽水市松阳县四都乡，距县城 15km。村庄临近公路，是松阳县散落在群山之中的众多村落之中交通最为便利的村落之一。平田村三面环山，背靠山峦层叠而上。村内具有多处传统风貌的古道水系、地貌遗址以及成群古树，具有浓厚的人文色彩与民俗风情。

设计地块位于村庄的核心保护区内，在村口最显要的位置。西侧是一览无遗的群山，北侧与祠堂村委会相连。这个公益项目的任务是将村口几栋破损严重且荒废闲置的夯土村舍改造成为新的村民中心，同时成为对外展示乡土农耕文明和传统手工艺文化的窗口。

平田农耕博物馆及手工作坊由旧夯土房屋改造而成。在设计中，设计师通过寻找建筑原有的秩序，基本保留了原有建筑风格、形式，使之得以与周围环境保持和谐统一。

建筑主要分为两个部分，靠近村口的博物馆展厅和展厅后的手工作坊。展厅部分，我们将原有建筑的墙体打通，使之成为一个整体，并将原建筑中作为储藏而无法利用的空间改为一个半室外花园。作坊部分在连接原有两栋建筑时，通过设计语言保证了原两栋建筑旧时的独立性。而原有附属建筑则改造为小茶室和楼梯花园。

在建筑屋顶的设计中，设计师保留了原有坡屋顶形式，但对其进行了开窗处理。光线从屋顶进入，大幅改善了夯土房阴暗的光环境，同时避免了过多开窗对村落立面协调的破坏。END

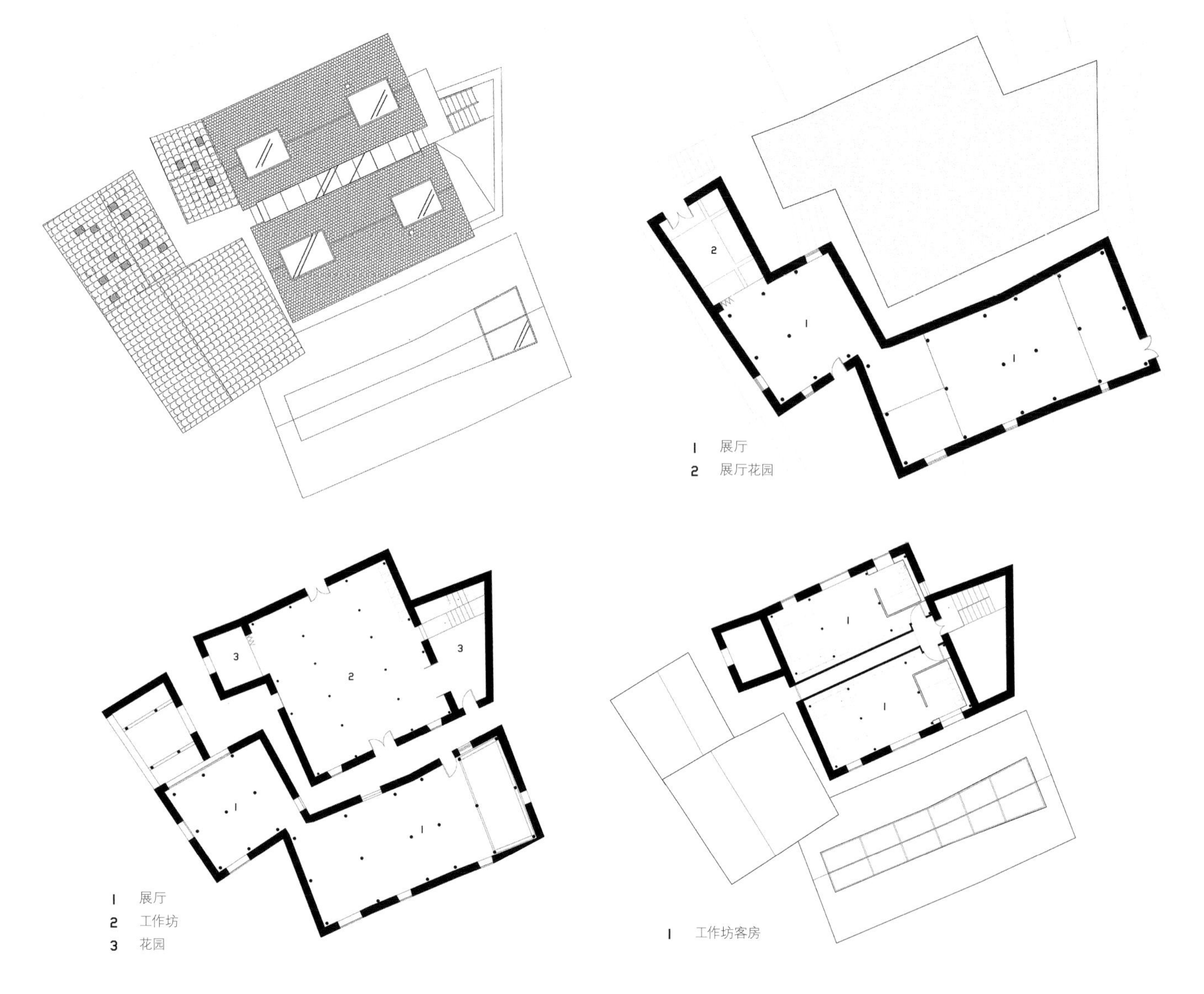

1 屋顶平面
2 展厅一层平面
3 展厅二层及工作坊一层平面
4 工作坊二层平面
5 农耕馆一层展厅
6 农耕馆二层展厅

自然之物

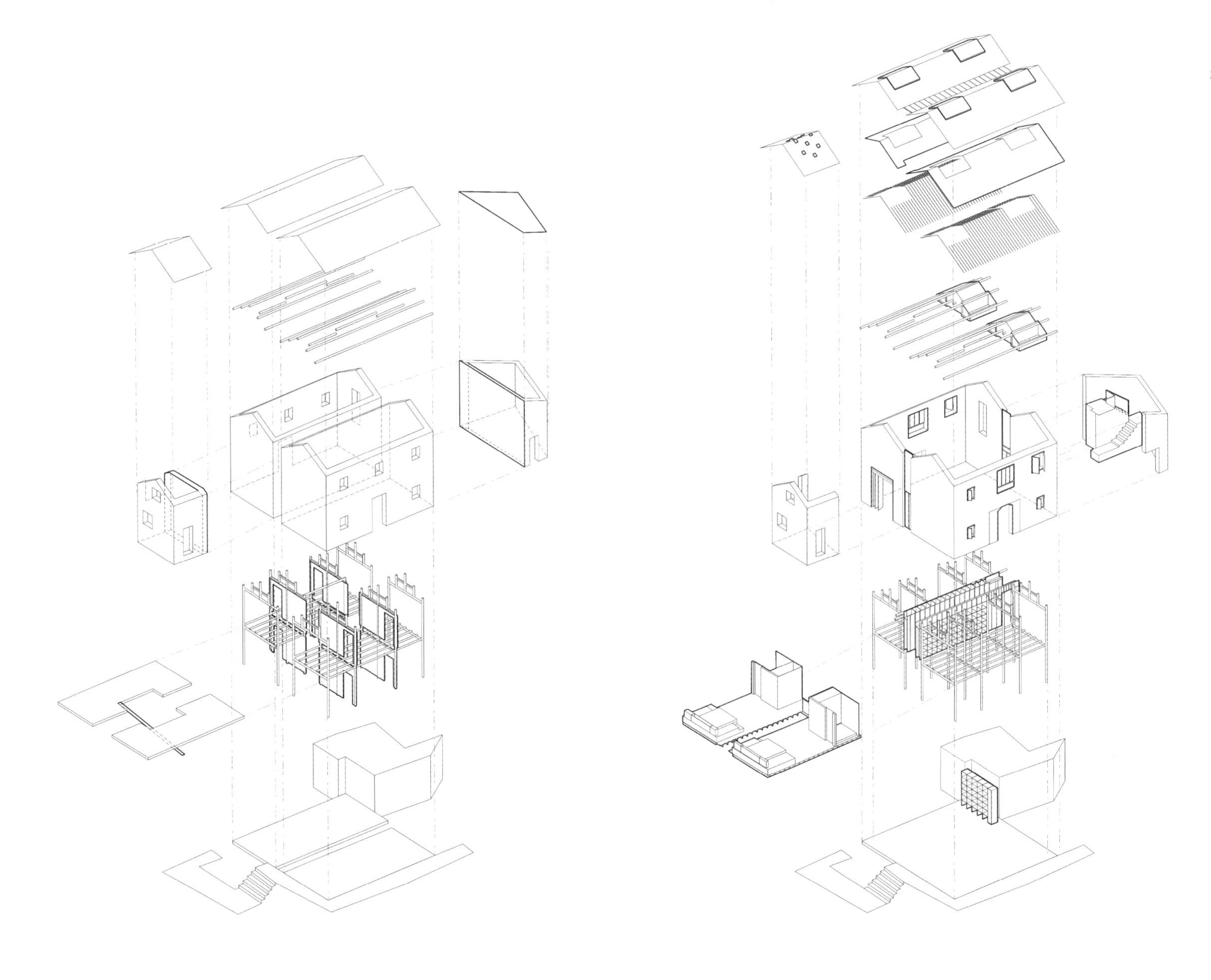

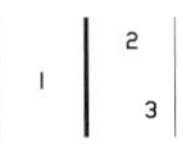

1 手工作坊二层居住空间

2 手工作坊结构分析图

3 手工作坊外景

有机农场
ORGANIC FARM

撰　　文 | 韩文强
摄　　影 | 金伟琦
资料提供 | 建筑营设计工作室

地　　点 | 唐山市古冶区
设计公司 | 建筑营设计工作室
设计团队 | 韩文强、李晓明、王汉、姜兆、黄涛
占地面积 | 6 000m²
建筑面积 | 1 720m²
设计时间 | 2015年6月~2015年9月
施工时间 | 2015年9月~2016年4月

1 廊道
2 夜景鸟瞰
3 轴测分析

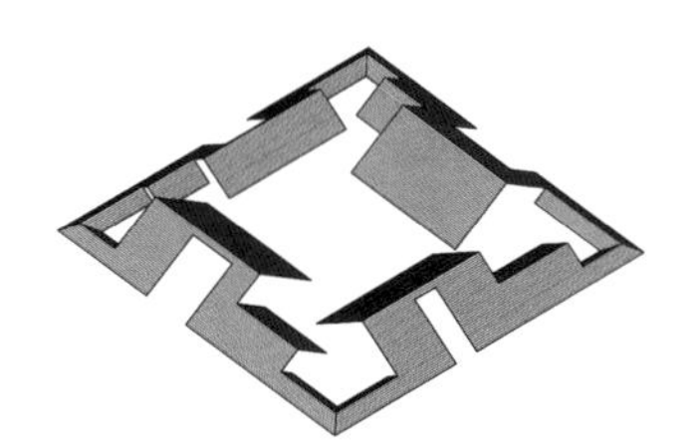

屋顶：油毡瓦＋木板

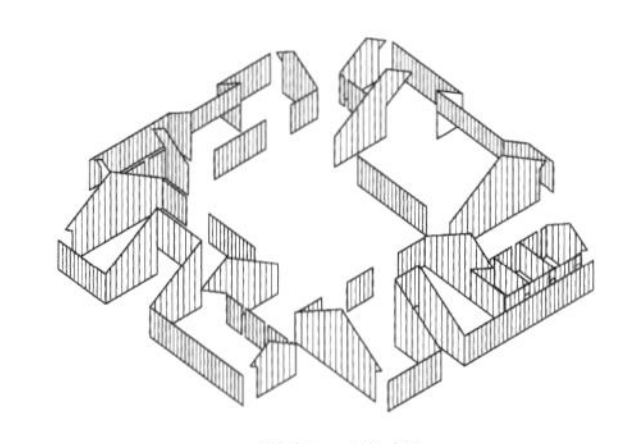

围护：PC 板

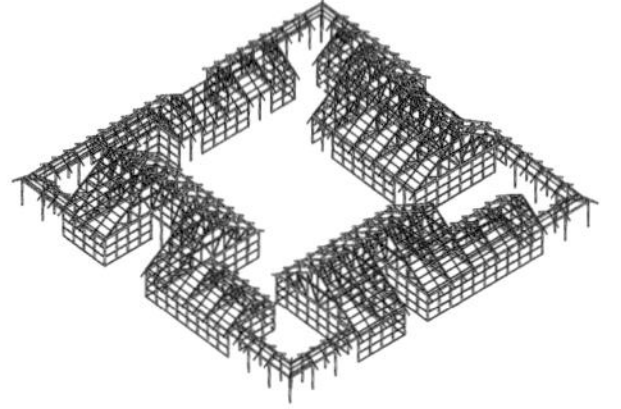

支撑：木框架＋木桁架

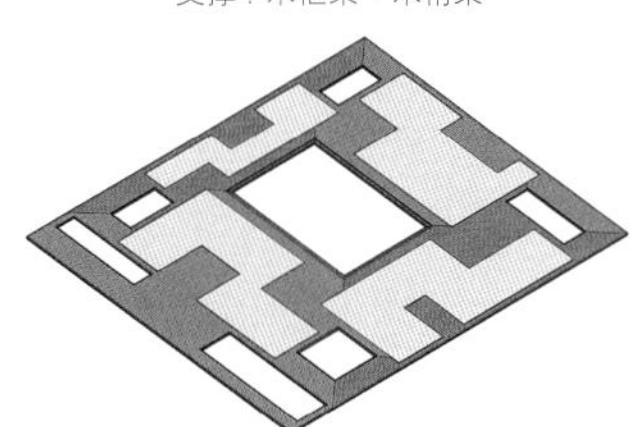

基础：混凝土＋木地板

有机农场项目位于唐山古冶城区边缘的一片农田之中，周边零散分布着村落和房屋。用地是一块长方形平地，占地面积约 6000m^2。建筑的基本功能是有机粮食加工作坊，原料来自于分散全国各地的有机粮食原产区，在这里完成粮食的收集、加工、包装流程，再将成品运送至外地。设计受到了传统合院建筑的启发，最初的想法就是创造一个放大的四合院，营造一个充满自然氛围和灵活性的工作场所，并自成一体地与周围广阔平坦的田野产生对应性关系。

整体建筑由四个相对独立的房屋围合而成，分别是原料库、磨坊、榨油坊、包装区。内庭院作为粮食的晒场，围绕内庭院形成便捷的工作循环流线。建筑的边界是联通四个分区的外部游廊，这是参观粮食作坊的流线。中心庭院向建筑四周错落延伸，拓扑组合成为多层次的庭院空间，满足厂房的自然通风、采光及景观需求，保持良好的室内外空间品质。院与房的有机联系使得建筑在一个完整的大屋顶下产生多种跨度的使用空间：小尺度的游廊、中等尺度的房间、大尺度的厂房，可以弹性地适应加工作坊的复合使用要求。

由于木材的轻质、快速加工安装的特点以及自然的材料属性，设计选择了胶合木作为主体结构。建筑仿佛“漂浮”于地面之上，坐落在 0.6m 高的水泥台基上，以使得木结构与室内地面产生更好的防潮性能，同时可以隐藏一些固定设备管线。为了合理地控制造价，建筑采用轻木结构——跨度为 2.1m 的木框架墙体，上部为胶合木桁架梁，顶部铺设木板屋顶和油毡瓦。立面由半透明 pc 板外墙覆盖，同样具有轻质和快速安装的特点。空间、结构、材料以及层次性的室外庭院共同塑造出这个农场温暖、自然、内外连续的工作场景。END

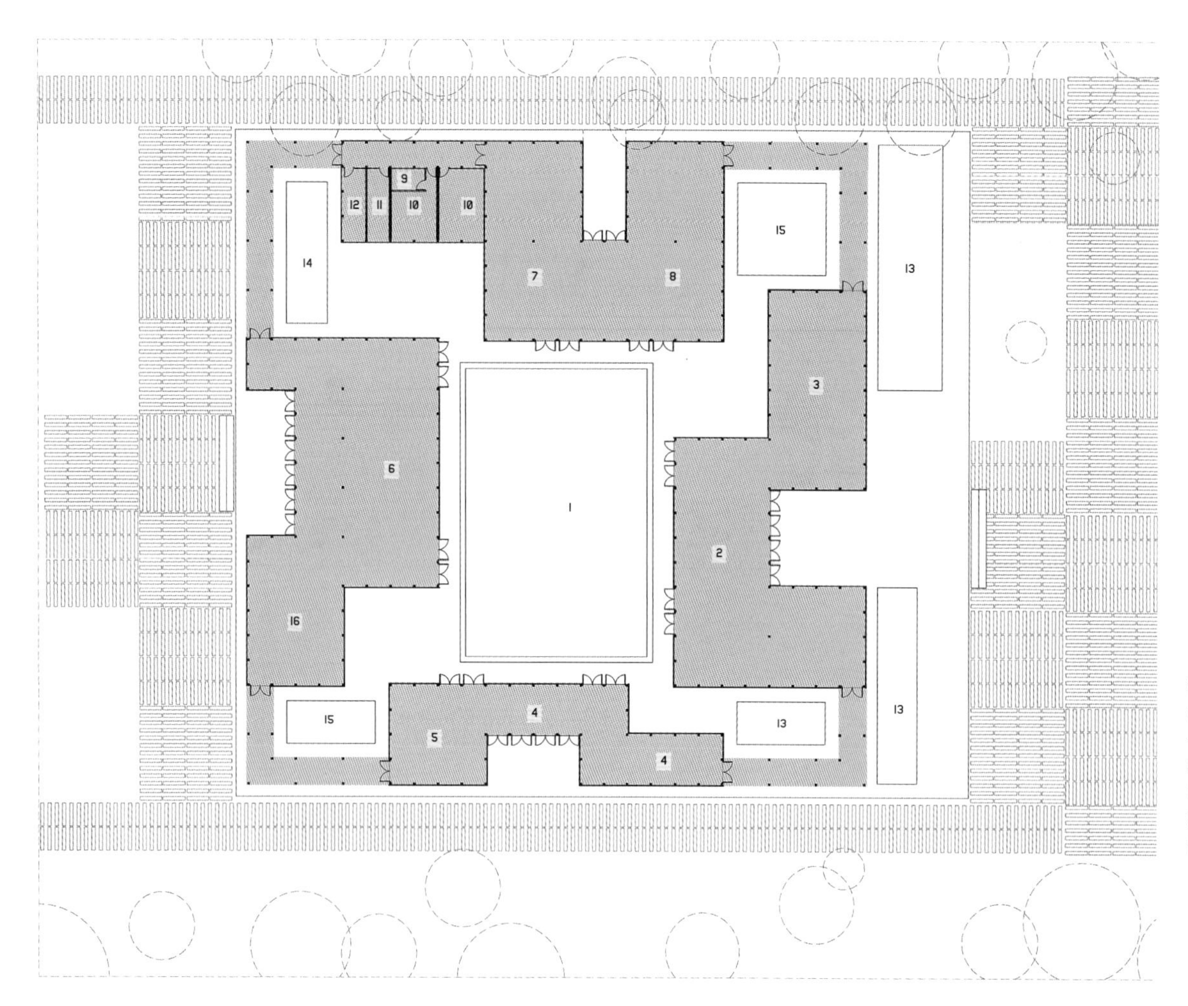

1 晾晒场
2 成品区
3 包装区
4 榨油区
5 豆腐磨坊
6 原料库
7 小麦磨坊
8 玉米磨坊
9 配电间
10 办公室
11 男更衣室
12 女更衣室
13 石院
14 竹院
15 树院
16 酿酒区

1 平面图
2-4 外部造型
5.6 内部空间

剖面图 D

1 剖面图

2-4 夜景

柴米多农场餐厅和生活市集
CHAIMIDUO FARM RESTAURANT AND BAZAAR

摄　影	王鹏飞
资料提供	赵扬建筑工作室

地　点	云南大理
设计公司	赵扬建筑工作室
设计团队	赵扬、商培根
餐厅室内设计	蔡旭
业　主	柴米多团队
占地面积	647m²
建筑面积	631m²
造　价	人民币140万元
设计时间	2015年5月~2016年9月
建造时间	2015年6月~2016年3月

1 灰空间
2 露天平台
3 隔断细节

柴米多农场餐厅和生活市集是一个改造项目，其前身是位于大理古城核心区的一组废弃的办公设施。它包括一个白族样式的木结构建筑、一个砖混结构的平房和一个约 200m^2 的庭院。这个地方被大理的生活方式品牌“柴米多”租赁下来，改造为农场餐厅、农产品超市、手工艺展厅、举办每周一次的“柴米多市集”以及其他社区活动的场所。

改造设计的重点在于处理庭院东南西北四个界面。庭院北面的平房首先被加建为两层的餐厅，餐厅的屋顶根据大理古城的规划要求，做成了传统的白族样式。一个钢结构亭子从餐厅的南立面伸出来，把餐厅内部的空间和庭院空间在使用上联系起来。亭子的平面是一个不规则四边形，亭子的立面用竹子包裹，起到强化形体和过滤光线的作用。面向院子的一侧的竹立面可以开启，在市集活动的时候加强内外空间的联系。竹子的立面向上延伸为露台栏板，栏板的轮廓在立面上也被切出一条斜线，让露台空间朝向老木屋的青瓦坡屋顶倾斜过去。

大院的西侧是一个传统样式的木结构建筑。设计师把这个老房子整个一层的隔墙和老木门拆除，让其成为一个面向庭院开放的空间，然后在外侧增加了一层竹格栅的推拉门，未来可以根据需要灵活调整内部空间的遮蔽程度。推拉门的外钢框遮挡了红色的木柱和大理石的柱础，以一个新的立面形式来呼应改造后内部全新的空间感，在彻底取消首层木结构形象的同时，烘托出大木屋二层出挑的外廊、瓦屋面的檐口和颇具年代感的木栏杆。

大院的南面是庭院的主入口。设计师在这里加盖了一个楔形平面的轻钢结构雨棚，来重新定义入口空间。一方面，为一些售卖功能提供遮蔽，同时也增加了一个空间层次，改善了大木屋从入口一目了然的印象。竹子在这里被用于吊顶，从视觉上跟大木屋首层推拉扇和餐厅伸向庭院的立面联系起来，彼此呼应成一个新的整体。

大院的西面是种植三角梅的花坛。这一面的处理比较简单，只是把花坛加宽做成一个榻，室外就餐和市集活动之时可用作长凳，市集熙熙攘攘的时候，也是小朋友们相聚的场所。END

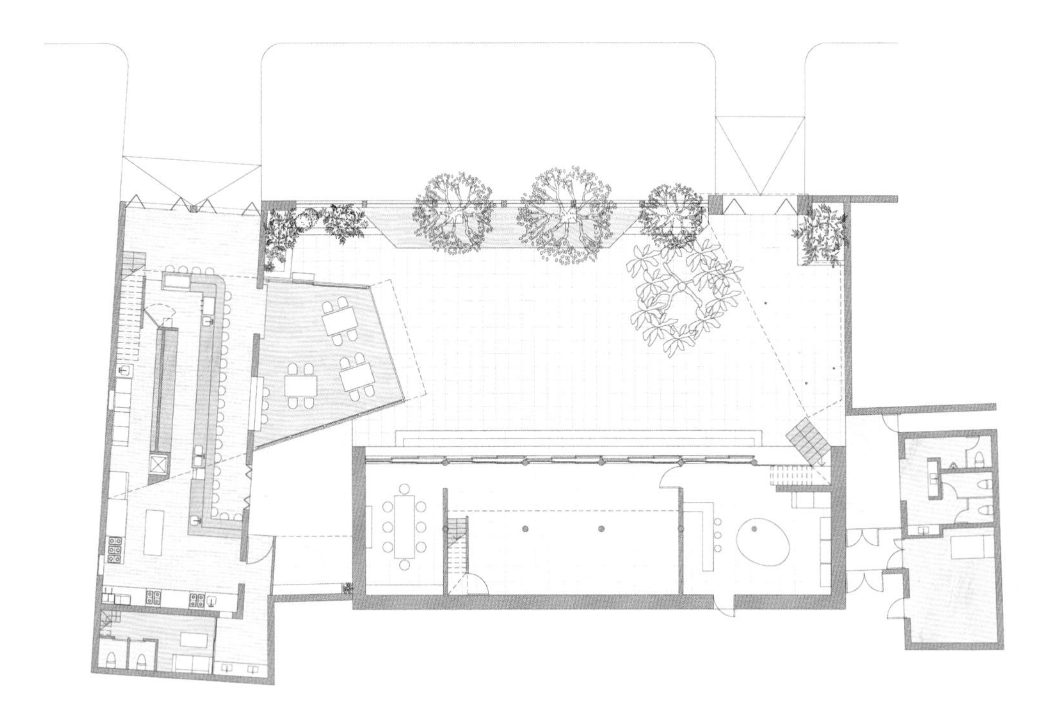

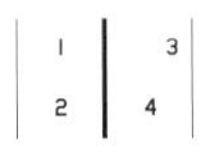

1.2 生活场景
3 平面图
4 室内空间

虹夕诺雅·富士
HOSHINOYA FUJI

撰　　文｜徐明怡
摄　　影｜Makoto Yoshida、My
资料提供｜星野集团、Studio On Site

地　　点｜日本山梨县南都留町富士河口湖町
建筑设计｜Azuma Architect&Assoiciates
景观设计｜studio on site
面　　积｜53 968.78m²
竣工时间｜2015年
电　　话｜010－6588 7662

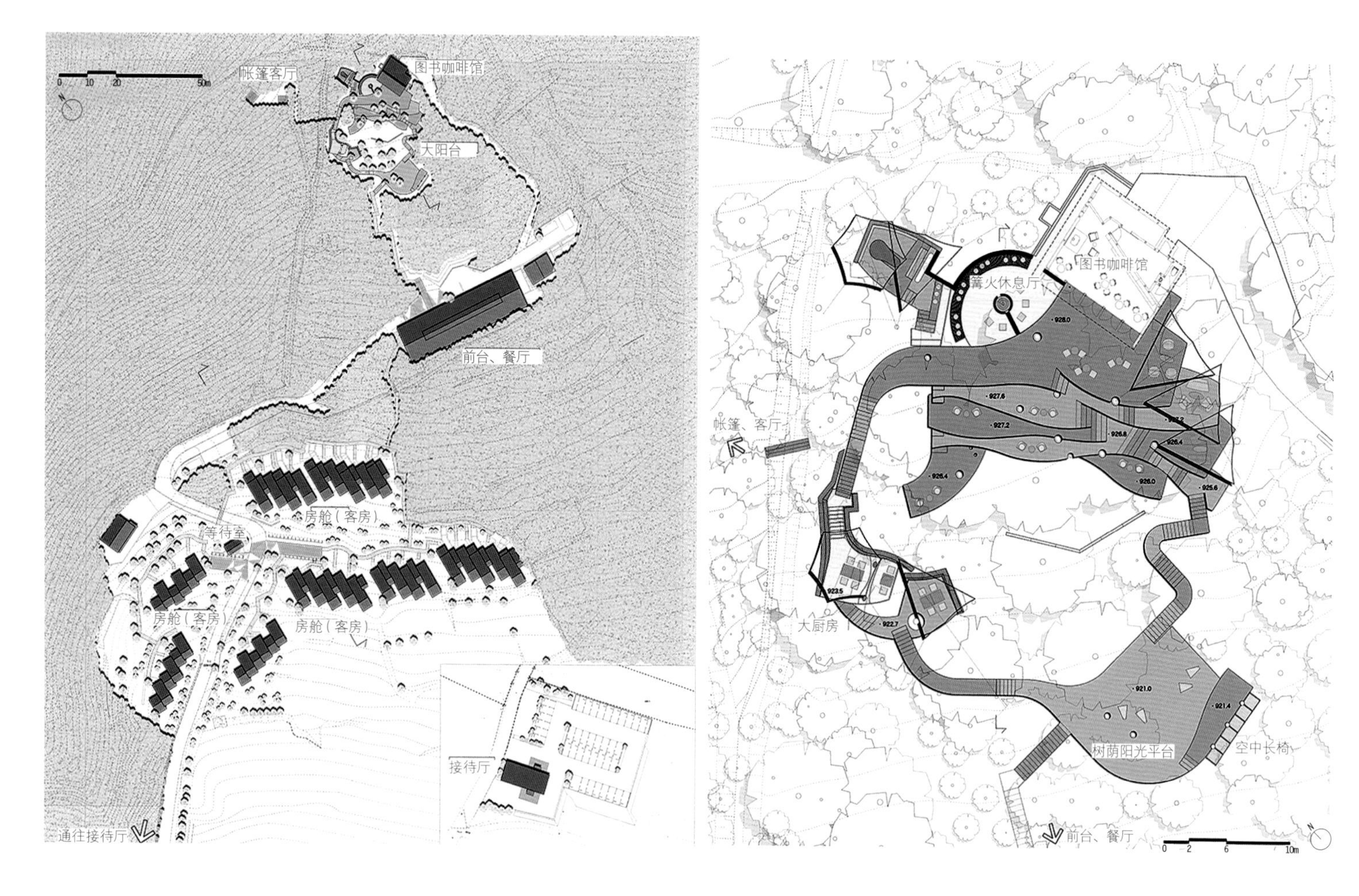

作为星野集团旗下的金字塔尖品牌，"虹夕诺雅"早已成为有着极致之美的日本顶级奢华酒店品牌，其对传统日式旅馆的大胆革新以及对度假哲学的创新演绎对整个酒店业都起到了深远影响。虹夕诺雅每一家分号都善于将当地的一切化为己用，始于自然却又归于自然。其开篇之作——虹夕诺雅轻井泽让越来越多的酒店营造者开始懂得酒店需要融入绝美的自然中，并以一种仪式感来严肃对待窗前的百年枫树，从而勾勒出一幅"人在画中"的场景。对京都岚山百年书院的改造、竹富岛的新派村落，再到似望远镜为创作蓝本的富士分号，每一间都是心血十足的惊世孤品。

从某种意义上来说，富士山可以算是日本人心灵的故乡，虹夕诺雅·富士酒店所在的山梨县富士郡南都留河口湖町正是观看富士山的最佳位置，而河口湖则一直是大家游览富士山的首选。这间富士分号开启了高端酒店业态的新趋势——日式野奢，位于山林间的虹夕诺雅·富士则是日本首家借用"Glamping"（奢华营地）概念的度假酒店，"Glamping"是组合了Glamorous以及Camping的新创单词，少了普通露营的狼狈辛苦，取而代之的是细致入微的服务与惬意的自然时光。

与其他虹夕诺雅一样，入住的客人还是会先到达位于半山腰的接待处。除了常规的Check-in手续外，每位住客都可以选择一个野营包，里面装着包括夜行头灯、望远镜、小水壶、饼干等户外装备。为了把最好的观景角度放在房间的阳台，避免客人在进入客房前看见富士山，设计师在路径上下了一番功夫，大片的植被和树木就穿插在过道中，遮挡视线，但到了房间内，又豁然开朗。

在经过狭窄难开的山路后，便可以到达酒店的正式区域——前台和餐厅。这个区域仿佛是置身于森林间的木屋，满目都是参天大树，而在进入客房前，您绝对不会偷窥到富士山的真容。从前台和餐厅区域继续往下，则是一座座灵感源于望远镜的石墙小屋，这里就是可以看见富士山和河口湖最美丽的草原区客房部分。各个客房之间若隐若现，三三两两的客人与树林融为一体，营造出了一种完全不同的风景体验。而方盒一般的客房内，除了纯白，绝无一丝装饰。一条清新淡蓝的"墙腰线"成了最亮眼的一处装饰，而它还充当着情景照明、床头阅读灯以及悬挂酒店内备好的蓝牙便携音箱以及露营包的作用。不过，这样的简洁设计则是为了突出对面那似乎触手可及的富士山这个唯一的视觉重点。每间客房都带有一个独立的、无死角的露台，远山的风景仿佛是巨幕山水电影一般。这里白天是享用早餐、沐浴阳光、精心阅读或者打个小盹的完美场所，入夜则适合披着毛毯赏星空，体验着樱花和红叶以及四季更迭的植被变化。

酒店所在的区域以前是个野营地，这里高差大于50m，坡面上散布着各种形态的草丛、松杉林等。为了充分利用场地的特质，设计将园区分为上下两部分，每个部分都有不同的景观感受。回到前台和餐厅区域继续往上走，则是一个可以在树林里玩耍、放松的区域——树林里漂浮着一个环状云平台，如"林中漂浮"。设计师借助山体本身逐渐拔高的坡度，将一块块木质甲板安插在山腰上，成为最天然的观景平台。酒店在其上备好了安乐椅散落铺开，白天，这里成为客人放空休息的场所，入夜，浮台会变身篝火晚会的上演地。END

1 总平面

2 云平台平面

3 客房背山望湖

4 客房建筑并没有花哨的外观，仿佛被凌厉的线条一刀切开

1	4
2 3	5

1 一块块木质甲板安插在山腰上

2 在云平台配备的美食，与环境相辅相成

3 树丛里安置的鸟屋

4.5 客房只有40间，依次分为几排，建在赤松林间的丘陵之上

Waiting Spot

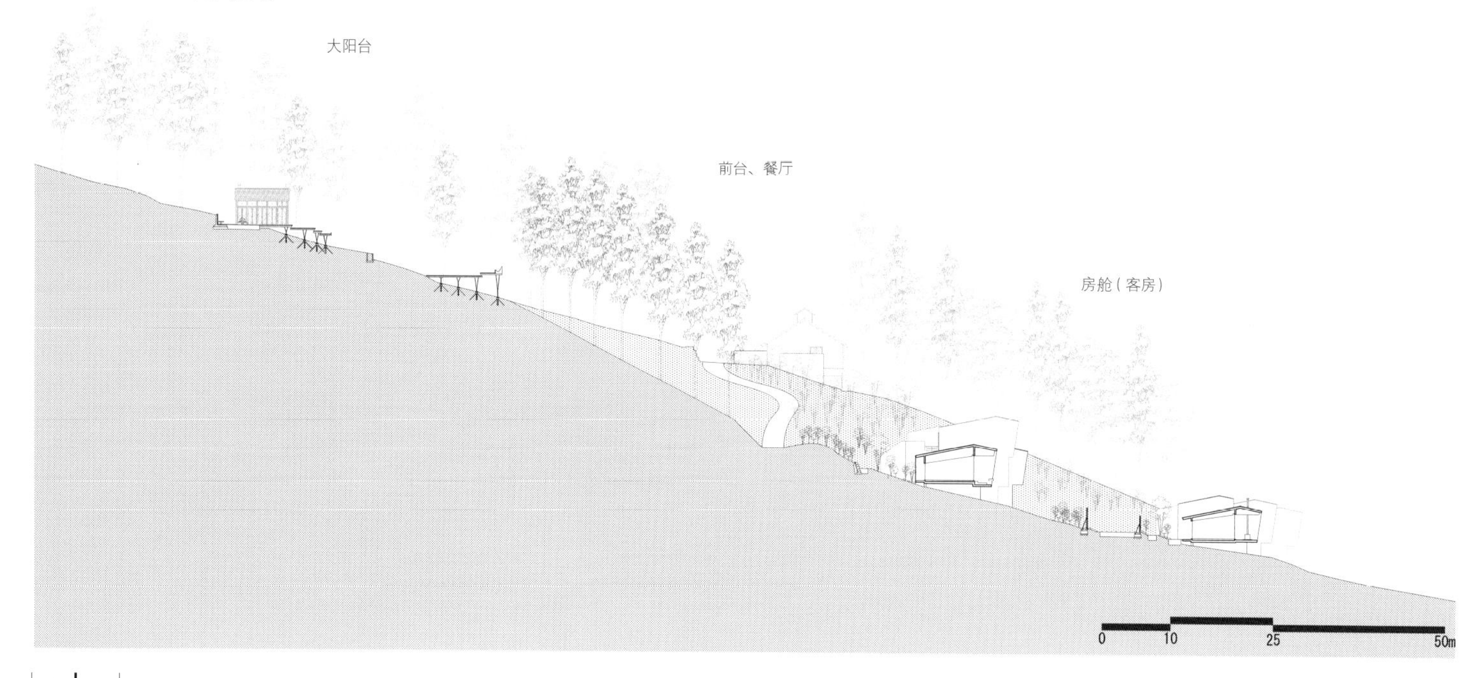

1　剖面图

2　云平台最下端是个承载休憩功能的平台，零散地摆放了几张休闲椅

3　树木从夹板中穿透而出，有着置身云端的感觉

1 露台中最大的区域，包括一个小型的图书馆兼Lounge，以及根据露台形状设计的圆形长凳

2 云平台提供的森林系简餐

3 位于丛林中的隐蔽小帐篷

4 在客房露台上布置的早餐，极有野营的感觉

5 客房的设计采用极简主义，去除了一切多余的装饰

茶隐山房
TEAHOUSE IN MOUNTAIN

摄　影 | 黄卫

地　点 | 福建省武夷山市兰汤村
设计公司 | 武夷山黄卫室内设计事务所
主持设计师 | 黄卫
助理设计师 | 藤翼、郑斌、孙健许
建设单位 | 秀水云台茶业有限公司
施工单位 | 黄卫室内设计事务所
建筑面积 | 538m²
设计时间 | 2015年11月
建设时间 | 2016年2月~2016年8月

小心台阶
Caution watch your step

1 | 2 3

1 室外庭院
2 观景平台
3 室外廊道

设计师一直想做一个这样的案例：不要庞大但要精致，不要豪气但要高贵，不要奢华但要舒雅……直到遇见"茶隐山房"。

武夷山核心景区三姑岩山脚下的兰汤村，三面环山，一面临水，村庄中田园茶道遍布四周，漫山茶树，云雾缭绕，鸟语花香。村子不大，依旧有保留着部分老旧的土屋和改建后的各式茶会所及民宿。漫步村中或坐眺山景，山静似太古，水缓入心田，能感受到当地人不急不缓的生活态度以及在山水自然间那一份真实的归属感。

茶隐山房身处兰汤村腹地尽处，紧临三姑石前，依山而设。其间丹崖碧水，茂林修竹，茶园烟霞，空气清冽，诸美皆集，山居所有，无一不备，完全是一种标志式的山居生活状态。更主要的一点是主人是两位能与设计师互通理念达成共识的十几年的老客户和老朋友——年轻而才华横溢的谢女士与其弟陈先生，他们现场就撂下一句："喜欢这里不，这活只有你来接！"

其实设计师第一次到现场，完工后的画面已经在脑海里了。整个设计构想很快出来，可以说是就几个小时的时间，灵感图基本完成。

这是设计师 2016 年当中最满意的一个设计案。兰汤村的这座民居院落始建于 20 世纪六七十年代，当见到伫立在山间的这座老房子时，他心里暗念：就是这里了。第一眼的感觉很重要，它奠定了整个修复改建设计的基调，院落的境处，足以让心境恍然于山水之间。其院身居高处，是以泥坯、原木、山岩、粗瓦建成的老房子，现经由改造，已呈现出了设计初衷和设计师想要的全部样子。一扇旧窗、一把旧椅或一块老青石墩，会把记忆拖回到过去，曾经的岁月，很是美好。这里几乎有着对于美好生活向往的一切，不但保持了院落的完整性以及周围的景观，新与旧的取舍，重建修复过去的时光，并沿用了过去的空间间隔，整个空间的舒适感、站在二层观景大露台看天色跟着时间缓缓落幕的惬意、煮茶言欢、黄昏坐断再且听风吟的释放感都让设计师十分满意。随着时光的游转，对于设计理念认识的角度与深度都会变化，对某些事物或是靠近或是疏离，感知的深浅并不依赖于物理空间上真实的远近，一些坚定的、向好的意象，成了心灵的依靠。

整个山房的功能区一层分别为接待厅、大茶室、禅茶室、古琴室、书房、雪茄室、餐厅、厨房、消毒间、卫生间，二层为 5 间客房及一个户外品茗赏月台。

整体设计理念为：因地制宜，融合山水，尊重民居的原有结构，保持院落的传统，臻于细节，卓于内涵，以充满侘寂意境的东方空间美学和新中式悠远素净、韵味丰华的境界追求，去修复古旧建筑。设计的空间由此有开有合、有迎有避，分隔灵动有变，功能

松風

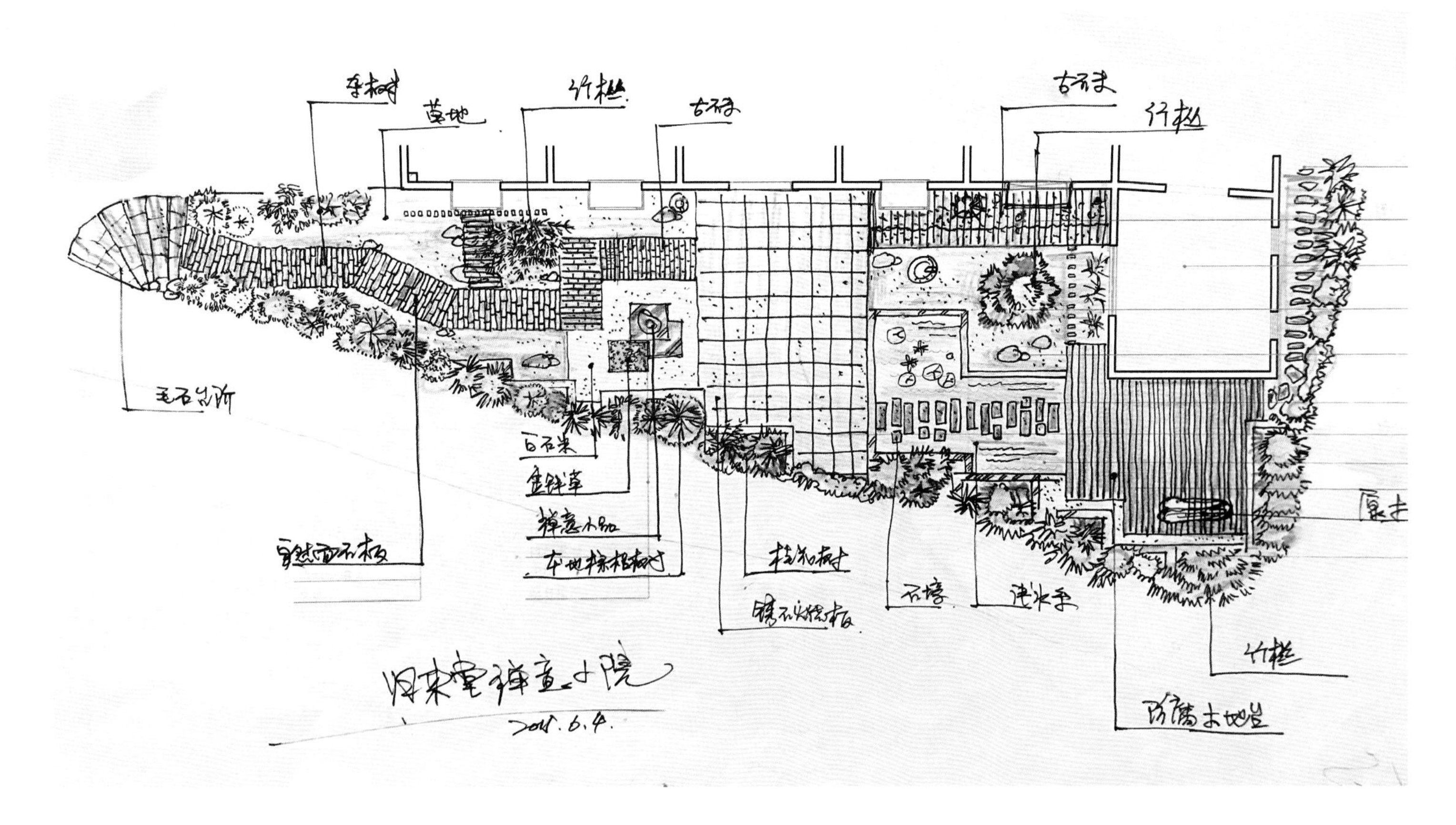

1.3 观景小品

2 庭院布置设计手稿

分配与院外山水地形结合，再浸入造物设计，以定制的茶器、丝物、灯具与家具及文人书画等艺术趣味与方法适当渗融入室，追求环境布局的虚实相宜和器物放置的纵横得当，讲究了诗情画意，寻找到一种安静而惬意的生活，在朴素安静中依然散发出那种浓淡相宜的贵族气息。

山房主体以造样极简、材质朴素、色调（高级灰）简洁淡雅为基调定位。清水泥墙壁、古老砖头、竹木棉麻、大块原石以及部分区域的钢架，以一种古朴的再现去平衡诸多的美好。那看似简单的水泥墙，透着高贵的朴素，它呈现出的柔软感、刚硬感、温暖感、冷漠感，都是一种最本质的美感，可皆因人的感观而定。木头的文艺，同时为设计增添了厚重内敛、深远的风格特征，部分的留白，少即是多，留白之处的想象空间，有时元素越少，人的注意力会越集中，也就是所谓的越朴素越高贵。山房一层空间采取了大部分开放式，让空气在空间自然流动，与户外的院景、山景、茶园、烟云融为一体。二层设置有 5 间大居房，山房主人分别已书名为清雾、初见、霞味、松风、幽兰，五间房内均精心设计了不同意境的茶桌茶席，当天半朱霞，夜幕初降之时，打开一盏盏房灯，泡上一壶茶，让昏黄的光晕包裹身心那一份幸福感，如此才是居住的方式。

庭院的设计是这次的重点。总面积才 200 多 m^2 的院子里，整个设计中心围绕东面的一个无边水池展开，日出的景象每天都可以入池映画。水池的东面再安排了一个下沉式的品茗区域，月夜里的山景倒影于池中，又是一番月色荷塘。材料应用上大量采用当地的石材、竹子、老木头及主人收集到的老石器，在满足茶席雅集活动的同时又不失素朴禅意。

这里现在也成了设计师最喜欢去发呆的地方，夜阑人静时，庭院素景，倚栏远眺，明月当空，轻捻了花香、浅啜了茶味，再聆听一曲山房主人的古音，便淡看了岁月。

眼界关乎心境，品茶、饮酒、游山玩水、静观云月、吹箫弄琴，这般诗心禅意，精心雅致，安闲自在…… END

茶隱山房

1-5　室内空间

1 2	4
3	5

1.2 细节设计

3 洗浴空间

4.5 客房

清流白雲

禾肚里稻田酒店
HEDULI PADDY HOTEL

资料提供 | 共生形态设计

地　　点	广东惠州
设计总监	彭征
设计人员	彭征、黄之间
设计团队	广州二十三度景观设计有限公司
规划面积	82 000m²
占地面积	1565m²
设计时间	2015年9月
竣工时间	2016年10月

1 宁静自然的酒店环境

2 酒店鸟瞰

3 与稻田亲密接触

项目位于广东惠州横河河肚村，是一个集生态旅游、农业体验和休闲度假于一体的度假区，项目的主体建筑由废弃的小学校舍改建而成。该项目也是一个由共生形态主导参与、校企合作的社会性公益项目。设计倡导人与土地的和谐关系，尊重土地生态文明，不做新城，不做桃花源，要做现代文明下的诗意栖居，同时避免过度商业与浮躁，避免低端同质化开发。

自然与淳朴构成整个场地的基调，悠闲与宁静是这里的灵魂，乡土生态和农耕文化是这里的生命，是场地最为宝贵的资源。设计师希望通过努力，让设计在满足可居、可游、可观的同时，重新点亮这里逐渐褪去的乡村活力，探索乡村现代性复兴的可能。

禾肚里稻田酒店，是住进去就能感受到蛙声、流泉、稻香、荷风、星月的纯自然民宿，距离罗浮山 5A 级风景区 18km，酒店总占地面积 4000 余 m^2，30 间风格迥异的农耕主题客房及 13 栋独栋别墅镶嵌于稻田或山坡之上。酒店拥有一站式餐厅和多维度办公，晨起眺望炊烟，午后游农事大观园，傍晚漫步乡间绿道，更有竹林野钓、丛林穿梭、山地越野和野花流水小桥。访竹林七贤，摇橹船顺流而下，赏月夜星光与袭人花海，坐卧山间纯别墅，浪漫春光尽收眉梢眼底。更有欢乐大草坪、穿越迷宫阵、聚焦星空竞技场与挑战极限训练营，让人与自然、心与心，那么远，这么近。

诗曰：悠游罗浮山，爱在璞玉兰；住进禾肚里，神仙也枉然。END

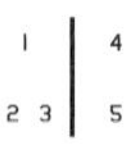

1 核心水池
2 酒店夜景
3 局部材质
4 酒店立面
5 酒店客房

阿丽拉安吉·浙江

ALILA ANJI ZHEJIANG

撰　　文 | Vivian Xu
摄　　影 | My
资料提供 | 阿丽拉

地　　点 | 浙江省安吉县杭垓镇梅子湾旅游风景区
占地面积 | 200亩
竣工时间 | 2016年

1 酒店仿佛一个隐在竹林深处的古村落

2 别墅客房入口处

今年最受酒店控期待的新酒店之一，无疑就是位于浙江安吉的阿丽拉安吉。“阿丽拉”源自梵语，意为“惊喜”。这家度假村曾开创了无边际泳池，也打造了巴厘岛乌鲁瓦图“空中鸟巢”这样的地标。但在阿丽拉的品牌中，设计很重要，却从不强调自己是“设计酒店”。此次，阿丽拉安吉主打“环保”与“活动”。尽管并不能在这件作品中寻觅到巴厘岛那样出挑的视觉亮点，但细细品味，却能感知到与安吉气场一脉相承的东方神韵。

阿丽拉安吉位于浙江与安徽的交界处——安吉杭垓镇梅子湾旅游风景区，于群山环抱之中俯瞰湖景。74座别墅隐于山峦竹海，仿佛隐在竹林深处的村落。作为中国第一家阿丽拉度假酒店，阿丽拉安吉严格沿袭了中国传统村落的呈现方式，并以很中国的白墙乌瓦来表达，其外观没有大起大落的格局，室内也没有金碧辉煌的装饰，只是简洁的线条、干净的色调、大幅的留白。确实，在这样的山景湖景中，徽派青砖白瓦的线条与周遭的山水是最为和谐的。

建筑的退让其实是种设计的智慧，阿丽拉安吉则将它的美好体现在了“框景”的技艺上。酒店的内部设计为客人提供了全方位的观景视角，每一扇落地窗望出去都是绿意盎然。前台的观景平台会有一池碧绿的湖水呈现在你的面前，围绕着一座座平缓起伏的山丘；而山景客房的窗前则布满随风摇摆的竹林；泳池的落地玻璃窗外则有棵独立的树，随四季变换带来不同的风景。

客房内依然保留了阿丽拉标志性的4柱床榻，但是设计师将巧思放在了床边棱角上，稍稍加以调整，便散发出了温柔的江南烟雨范儿。竹子和木调则是贯穿整个室内空间的主题，顶棚、墙面、屏风……这些元素有机地出现在各个地方。

值得一提的是，阿丽拉安吉使用了经过处理的废水进行灌溉，并已经获得了EarthCheck认证。EarthCheck是个独立的国际可持续发展认证机构，用以检测能源、水资源的使用，以及是否支持本地社区发展。不过，虽然阿丽拉安吉并不能做到像巴厘岛上的阿丽拉那样的零排放和不使用瓶装水，但他们亦表示正在朝这个方向努力。END

1 泳池景观

2 大堂

3 酒店使用的茶具

4 别墅客房庭院中瓦片与木栅栏的搭配细节

1 别墅客房的客厅

2 卧室仍然沿袭阿丽拉标志性的 4 柱床榻

3 别墅客房外的私人观景台

林会所

TREE CLUBHOUSE

撰　　文｜华黎
资料提供｜迹・建筑事务所（TAO）

地　　点	北京大运河森林公园
设计公司	迹・建筑事务所（TAO）
主持建筑师	华黎
设计团队	华黎、赵刚、姜楠、赖尔逊、陈恺、Alienor Zaffalon、张芝明、张雅楠、白婷
结构工程师	马志刚
机电工程师	吕建军
结构体系	木结构
业　　主	北京美景天成投资有限责任公司
项目功能	接待、餐饮、会议、酒吧、办公
建筑面积	4000m^2（一期：1830m^2）
设计时间	2011年~2012年
施工时间	2012年~2013年

1 厨房
2 备餐
3.7 卫生间
4 VIP 接待
5 音乐露台
6 综合用餐区
8 厨房
9 吧台
10 问候区
11 办公室
12 休息等候区
13 门厅
14 综合服务区
15 办公室
16 会议室休息大厅
17.18 会议室
19 中庭院广场
20 树池
21 吧台区
22 休闲娱乐区
23 临河散座区
24 廊下茶座区

本文记录了迹·建筑事务所（TAO）的作品林会所建筑设计的思考过程，建筑师受到 Archizoom 在 20 世纪 60 年代基于不确定主义思想提出的未来城市构想——"No-stop City"的启发，试图在建筑中探索一种能够应对功能不确定性的基于单元同构的空间生成策略，以及回应场地与环境特征的结构形式以及建造体系。

2011 年，一位认识多年的朋友找到我，说想在运河边的树林里建一个房子，那里环境很好，但是功能不太确定，也许可以是餐厅、咖啡馆、酒吧，也可以是展览、会议的地方，除此之外，朋友还憧憬了很多其它的可能。

我一直认为建筑作为场所来说，空间与人在其中生活之关系及其重要，空间的尺度、形态、光线、氛围之营造等，无一不与其中的事件相关。如果事件无法定义，空间似乎也无从开始思考。所以遇到这样模糊的设计要求，我很犹豫是否去做。然而在当下，这种建筑的不确定性可谓非常普遍，经常出现不明确功能就开始设计，或设计过程中甚至建成后功能被改变的情况。这当然很大程度是市场、资本、政策、土地使用权属等外部条件的善变所致。

意大利的 Archizoom 在 20 世纪 60 年代末敏锐地提出，城市做为资本主导下生产与消费体系之机制的产物，大都市已不再是场所（place），而变成一种条件（condition）。他们因而提出一种大胆的城市图解——"No-Stop City"，在这个提案里，城市成为一种同质化的网格体系，具有连续平面、可无限蔓延及局部微气候等特征。Archizoom 藉此宣称城市将成为一个被程序化的、各向同性、无边界的系统，而所有类型的功能可以在这样一个同质化的领域中（field）随机实现。城市由此变成了一个无等级、无形的、装备精良的停车场。仔细观察 Archizoom 这个看似疯狂的、带有乌托邦设想的平面，虽然仿佛这种不确定主义完全消解了我们对建筑作为形式存在的传统认知，但不得不承认 Archizoom 对资本作用下城市空间形成机制有着深刻的认识与批判性。

想想当下的中国，作为消费对象的建筑状况与 Archizoom 观察的城市有着惊人的相似性。建筑短寿、易变、投机、引起欲望又很快被厌倦。而这一切无不是建筑追求诗性并想成为纪念物的阻碍。面对这种无处不在的状况，建筑是否存在一种策略，可以去应对这种使用的不确定性？是否可以有一种均

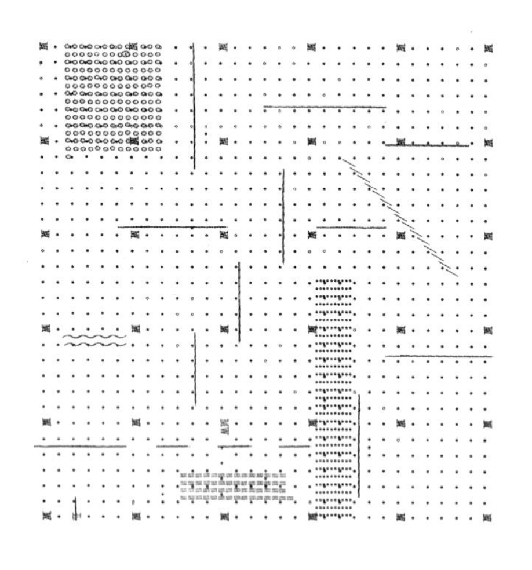

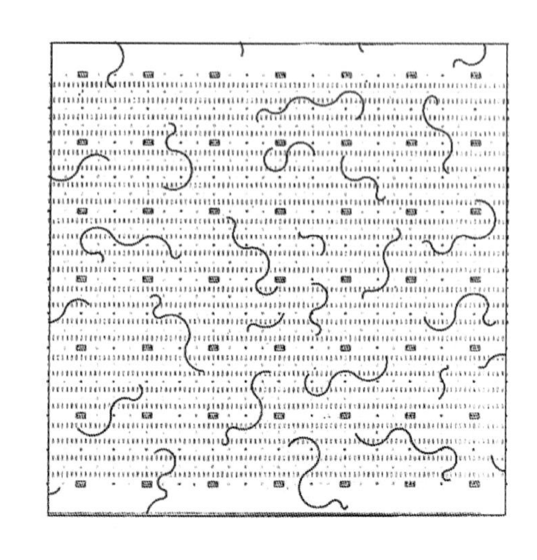

1 首层平面

2.3 概念灵感：Archizoom 的 “No-stop city”

4 树林间的林建筑

5 漂浮于地面之上

1 夜色中的入口平台
2 夜色中的林建筑
3 施工现场

质、蔓延、无等级的“No-Stop Architecture”去容纳这些易变的需求？

带着这样的思考，我接受了这个项目。

一般来说，如果任务书不能带来明确的启示，我会从场地中去寻找设计的触发点。基地位于运河边的一个公园里，场地拥有河的景观以及一片树林。除此以外，也没有其它的了。场地中的树给我一个启发：坐在树下看风景是一种美妙的感受，树具有天然空间的遮蔽感，由此我想，能否创造一个类似于树下空间的感觉，由一些树形结构来支撑，树的枝干将相互连成一种结构形式，并在其遮蔽之下形成空间。

树，作为空间原型的灵感，同时隐含了“单元”的概念。一棵树作为基本单元，可以被复制，而成为林。这一状况暗含了一种基于网格的均质空间的可能性。树林不正是这样一种空间状态吗？想象一下，在树林中也可以发生很多不同的人的活动，散布、休憩、野炊等。因此我脑中开始浮现出建筑内部正如在树林的空间里就餐、聊天、聚会的场景。当光线从上面洒下来时，可以创造很动人的气氛。

树林还具有这样的特征：边界自由、可无限延伸，因此建筑如果是这样的空间体系，可以很好地适应场地，例如自由的边界可以很好地结合地形、避让要保留的树木。而可延伸则意味着平面的灵活性，可以在任意处截断，因此很适合分期建设，而每一期建设的平面自身都具有完整性——因为边界是自由的。由此形成的平面是一个没有等级差异的一片域（field），而非一个形状。就如你不太会记得树林的形状，只记得树林里的氛围。

而基于树状结构单元的体系从建造上恰好可以采用预制装配式的建造方式，以适应在公园里建造的条件，缩短工期，减少对环境的影响。

基于上述种种，设计开始自然浮现。首先发展的是以柱子为中心，并伸出四条悬臂梁的树一般的基本结构单元，然后是确定格网的尺度，这与想营造的空间高度具有一定的比例关系。梁柱单元在格网基础上重复组合形成整体的空间结构。柱网非常规则，就如停车场，但我们让梁的轴线加了些曲折，以获得些变化。柱子的高度有三种，正如自然界的树是一类，但每一棵又不尽相同。这样整体的空间就产生了起伏，而屋顶也成为

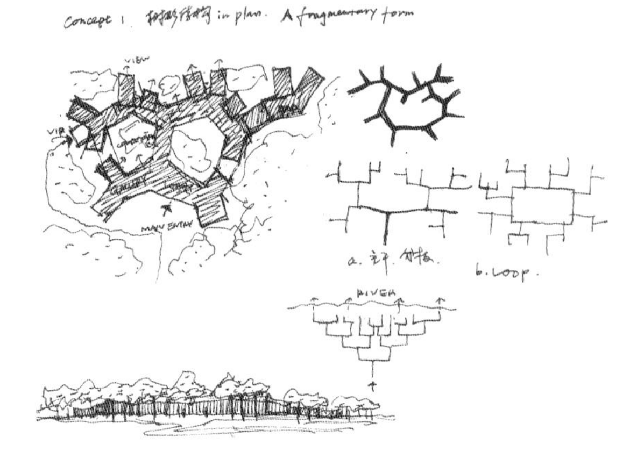

1 入口庭院处的半室外空间

2 黄昏下的夯土墙

3 概念草图

4 通向夹层的楼梯

一个生动有趣的人造景观。自然给予我们想象以无尽的养分。这样一种基于单元同构而又允许适当变化的生成方法，很好地实现了控制与自由的关系，即可标准化生产，又能制造丰富性。这类似于伍重基于对植物的观察发展出“additive architecture”的方法，也类似阿尔托提出的“灵活标准化”(flexible standardization)。

通过这样一个出发点，我们自然而然地选择了木结构——树林的氛围、轻质、加工安装快等特性都符合设计意图。我们让整个木结构的建筑座落在一个飘浮的混凝土平台上，一方面有利于木结构防潮，另一方面，将机电设备系统及检修空间布置于平台之下，使屋顶解放出来，不用再做吊顶，还原为纯粹的结构和空间。结构单元形成漏斗状的屋面单元，雨水汇聚后从隐藏在柱子中心的雨水管流到平台下面。

建筑外部为了强调树性结构的形式，有意识地将结构呈现在立面上，因为木材本身是隔热材料，技术上恰好可以这样做，建筑的围护墙体则有意采用不同的材料，以凸显结构。围护结构以玻璃幕墙为主，以便外部的风景最大化地进入内部。局部的实墙体就地取材地利用现场基础施工挖出来的土，做成了夯土墙。作为主体材料的木材和夯土，一方面它们的自然质感呼应了场地中的泥土与树木，这些材料可以自然呼吸，有效调节室内外的相对湿度和温度，另一方面，由于木和土都是理想的保温隔热材料，无需再单独做保温，结构和墙体都是单纯的实体构造，而且内外一致，因此建筑从外部和内部均使结构和墙体的构造关系清晰呈现。

室内的形式逻辑是夹层、房间等空间元素均采用其它材料（钢板、夹纸玻璃等），与木结构在视觉上脱离，形成或悬浮、或散落于木结构所营造的树林空间之中的意象。地面的碎拼石板意在加强空间的无方向性，深灰色调则加强木结构从地面的上升感。屋面的木瓦外露表面完全不做防腐处理，经过自然风化后色彩将变灰，以期更融入环境。室内的照明主要由两种灯光构成，悬吊于3m高度的灯罩满足地面照度的同时，在夜晚的高空间中又形成了一个低空间尺度，以保证人在坐下来时的尺度亲密感。柱子和梁交接处的洗顶灯则完成了对顶部结构空间的描绘，使得在晚间屋顶的空间形式可以被感受到。

在完成的建筑中游走，空间本身不具有明显的方向性。视线总因循于外面的风景，正如在树林中漫步。家具与陈设布置的变化赋予空间完全不同的使用方式，并容纳不同的活动——展览、酒会、婚礼等。在这个建筑里，场所的特质因此不依赖于某种特定的使用方式，而更多依附于建筑本身——空间与结构的形式、材料、光线，以及它们与场地共同作用所形成的氛围。END

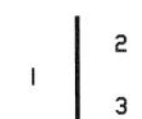

1 树下空间

2 咖啡厅

3 内部、整体模型

自然合成的建筑
——莫干山竹久居客栈设计思考

撰文、摄影 | 董春方

地　　点 | 浙江省德清县莫干山
主持建筑师 | 董春方
建 筑 师 | 陈伯良、李才全、张黎婷
开发单位 | 上海鑫滇酒店管理公司、橡树缘竹久居客栈

沿着蜿蜒的镇中街道，穿过幽静闲适的莫干山小镇，街的两侧散落着不规则的高大梧桐。树荫中，百年来不同年代建造的两三层灰色清水墙建筑物自由地生长，延绵在街道两侧，朴质无华、高低错落层叠在郁郁葱葱的山峦前。街上三三两两的人群，有的背着背包，有的骑着山地车。街角咖啡屋飘来屡屡诱人的清香，屋前椅座上闲坐着游人，店里的伙计张罗着餐桌，不时地照应着客人。远处偶尔传来教堂的钟声，回荡在宁静小镇的上空。清新而略带潮湿的空气中有时能闻到一股炊烟的木香，渲染出小镇的生机和山村人家的日常。这是人们离开喧嚣拥挤的都市，来到莫干山所能获得的第一印象。作为一篇介绍一栋建筑产生的文字，首先以文学色彩描述它所处的环境似乎并不恰当。然而这是必要的，因为这是一座生长在“此时此地”的建筑，一个无法离开它出生的特定环境的合成物。

漫步至镇的尽头，转个弯，沿着平缓的小径，不多久就来到了莫干山竹久居客栈。远远看去，隐藏在高大树木与茂密竹林中若隐若现的清水混凝土几何体，那便是竹久居客栈。当竹久居客栈呈现在人们面前时，当人们看到它粗野的清水混凝土结构构件不加任何装饰诚实地坦荡在人们面前时，加之那些工业化的钢结构与玻璃，以及看似随意叠加、出挑的极具几何感的建筑体块从绿荫中跳跃在人们面前时，这种与自然的“对立”形象可能无法与“自然合成”的建筑产生联想。但是，竹久居却是一种内与外、人工与生态对立统一的自然合成。

莫干山镇街道

回归从容与自然

建筑是包裹人的生活的容器，离开了其中人的存在，建筑将变得毫无意义。特别是对于一栋为人们提供度过闲暇时间的休闲度假建筑来说，创造一种克服人异化的生活环境与生活方式是该建筑物存在的最重要价值。显然，竹久居客栈的用途是为人们休闲度假提供场所，那么创造一种什么样的场所才能与之所处的环境相呼应，并且能够满足来此度假的人们的期望？或者，一种什么样的建成环境可以与自然相融，同时唤醒人们乐于使用它，继而是依恋和向往？这是在设计之初建筑师最关切的问题。

当今，社会高速发展，工业与科技的高度文明创造了前所未有的繁华，人们在享受现代社会所带来的繁华的同时，却离自然越来越远。特别是生活在拥挤繁杂都市中的人们，他们常常面对的是拥挤污染的环境、工作的压力和生活的快节奏。数字技术给人们带来了以往不可想象的便利，信息爆炸无时无刻不更新着人们对世界的认知，同时却让人无所适从，忽然间人们发现自己变得越来越忙碌。年复一年、日复一日机械式的奔波，争先恐后不甘落后追赶着新事物的心态，使得人们变得不再从容，取而代之的是浮躁与焦虑。都市中的人们渴望能有一处休养生息的天地，放慢脚步回归从容与自然。

竹久居客栈

客栈餐厅一角

客栈入口广场

客栈庭院小溪

餐厅夜景

莫干山山景

基地周围的竹林

建筑师并不具有万事俱通的能力，无力解决当代社会人们所遇到的困境。但是建筑师具有能力创造一种物质建造环境，以承载他们所感知的人的需要与期望，针对这种需要与期望，为使用者提供一种生活环境和生活方式。竹久居希望构筑一处现实的梦境，即使对于拥有充分物质能力的都市中的人们，也希望为他们营造一处无法在都市中实现的、拥有自然与人性而不再冷漠的空间。甚至，建筑师可以凭借他们的职业能力，诱发人们内心渴望获得的自在，并为这种自在创造物质建造环境与条件。当人们来到这栋度假客栈时，能感受到无拘无束，可以放下约束，获得自由，回归本我。尽管这种现实的梦境具有临时性，那也是对他们的一种安抚及对都市生活所缺失的弥补。未来的这栋建筑是谦虚自然的，隐藏并融入自然的绿色中。它不需要刻意遵守规则，一切随机而成。这是竹久居客栈始建之初的构想与宗旨。

问题与策略

为了实现起初的宗旨，需要具体的方法和策略。在选择与确定用地以及所采用的建筑方法时，建筑师始终秉持对自然与建造条件谦卑的态度，寻找问题的解决方法和答案。这里的自然条件包含了莫干山作为国家 5A 级景区所拥有的生态环境、历史与文化背景，包含了小镇人文与民俗的山镇风貌，以及用地自身竹园的小环境。而所谓的建造条件则包含了开发者的经营理念和投资规模、项目的规划条件、用地及地形的制约、当地的施工能力与建筑材料的选取。

竹久居客栈的用地是处于莫干山镇中心附近的一处竹园。一条平缓弧形的山路环绕用地的东南侧而过，用地内是茂密常绿的竹林以及零星的几棵高大白玉兰，一条小溪由西向东穿过竹园。用地的地势西南高东北低，与弧形山路平缓相接。客栈用地周边也是竹园和森林，以及隐匿在绿色中的山村人家。从用地中眺望远处是莫干山山脉，对一座休闲度假的小规模客栈建筑来说，这是一处既可以参与分享小镇生活与人文风貌，又可以眺望莫干山山景，同时感受自身竹园小溪闹中取静的理想用地。优越的自然环境是竹久居客栈生成的先天有利要素，而开发者放手并鼓励建筑师尽可能发挥他们的想象力，这是建筑师工作热忱和创造力的强大驱动力。诚然，并非所有的条件都宽松自如。规划条件对建筑的高度和占地面积有着严格的控制，因有限的投资和建筑规模的限制，以及就地取材和建设工期的要求，开发者选择了当地乡村的施工队伍。此外，莫干山地区盛产竹子和石材，同时青砖也是当地传统的主要建材，这些具有地域性的建筑材料构成了莫干山镇建筑风貌形象的基调。

对于上述既是条件又是问题的设计前提，建筑师首先需要思考的是如何梳理大小环境中的各种元素，并对与建筑目的相匹配的元素做选择性的筛选提取，作为建筑构成的环境依据。其次，建筑师必须重视当地的施工技术和建筑材料，将其纳入一栋建筑完成真实建造的最直接的建构要素。对于一座处于特定环境和条件中的建筑来说，在一定意义上，它产生和形成是特定的环境条件、施工技术与建筑材料、建筑的目的和各种程序合成的结果，是应对环境与条件的一种反应。作为建筑师，他的工作是探求这种反应，捕捉合成各种元素，最终促成适时适地建筑的合成。在竹久居的设计过程中，建筑师并未对建筑形态和形式作过度思考和操控，更倾向于它能够自然而成。建筑师也并未先入为主地预设未来的建筑形态，而是首先设想它未来建成后与初始宗旨相符的场景，确定它在环境中所处位置能够获得理想的内部空间，同时确定各种内部空间可能获得的品质。这些品质包括作为度假客栈的关键使用内容，即客房的舒适性和能够拥有优美独特的景观。与之相对应的是因建筑占据用地环境后而留下的外部空间，这些外部空间与内部空间具有同样的重要性，达成内外相融，并与该建筑物性质和起初的目标趋向一致。

客栈南向立面

客栈庭院

内与外

在思考竹久居客栈的设计过程中，建筑师首先想到的是如何布局客栈的餐厅兼多功能厅，如何确定餐厅在用地中的位置。这种跳跃碎片化的思考方法似乎有悖于一般的建筑设计程序，然而却是建筑师在捕捉内外合成元素后，获得的最强烈的逻辑依据。

首先，就内而言，对于一栋紧凑使用空间的小型度假客栈来说，在保证客房空间的质和量以符合开发者经营的预期目标后，留下的用作其他功能的空间已经极为有限。而餐厅兼多功能厅作为度假者公共性活动最频繁的有限空间中最重要的组成部分，是为度假者提供休闲与交流，以及接触当地民俗与人文特色最关键的空间场地。餐厅是这个度假客栈“家”的起居室，萍水相逢的客人在共享当地美食后，在一杯清茶中仿佛是久违的老友，而来自于当地山村的服务生是客人了解当地风土人情亲近直接的媒介。

其次就外而论，虽然用地处于镇中心的附近，但仍然是人烟稀少。这种幽静对于住客悠闲私密的休息空间是有益的，但是却缺乏生气与活跃度。人在度假中既需要宁静的个人空间，同时更需要交流和互动，特别是有意愿参与到小镇的生活中，并与小镇的生活场景对话。由此，看似跳跃碎片化的随机思维，却是内外元素的逻辑推论。在具体的设计中，第一思考是决定将餐厅放置在紧靠弧形山路的用地缓坡上，利用山地高差叠加在山路边，南向面对竹园，东向面对山路和小镇人家。行车和路人在经过客栈时，能感受到通透餐厅室内空间的灯光和人影，这便是一种悠闲度假生活的诱惑和招揽，而餐厅的使用者在享有深深飘动的绿色和悠然景致的同时，也不乏小镇的市井喧闹。

餐厅东侧靠近山路的外部空间设置一方平台，布置室外休息坐椅和烧烤设备。住客可以散坐在木制平台上，喝茶、品酒、闲聊、品尝野趣美味，并与小镇分享愉悦闲趣的度假时光，

客栈餐厅

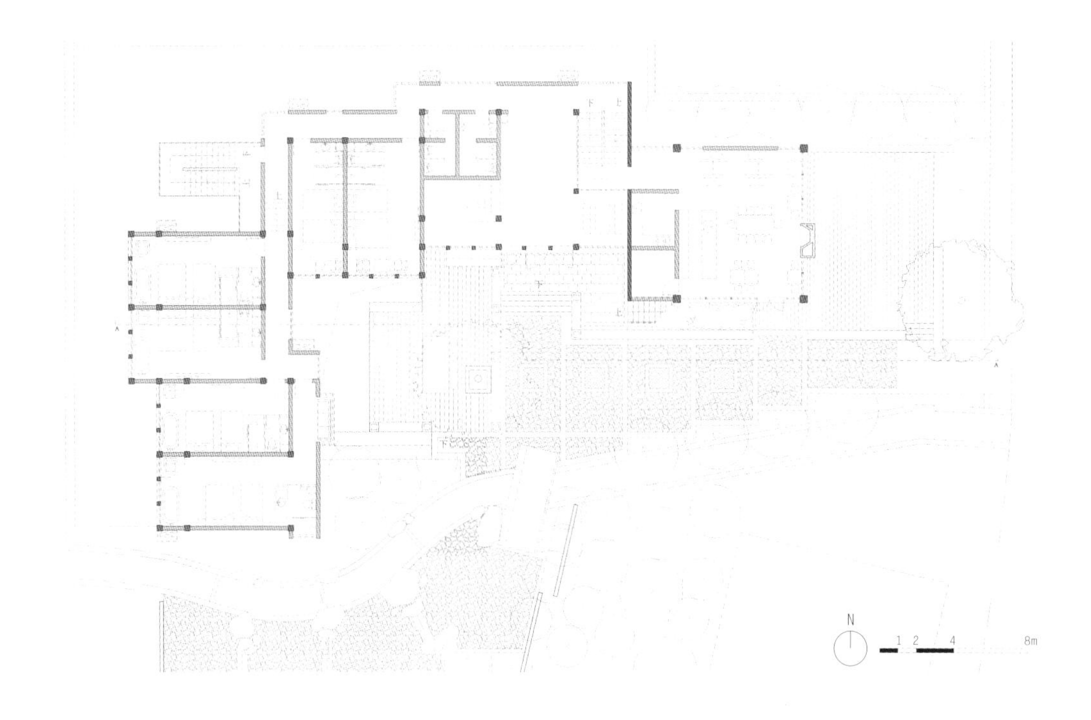

这对行人是一种快乐生活状态的展示。在满足休闲度假的同时，餐厅的位置能够引起路过的行人和行驶的车内人们的注目，营造休闲娱乐的欢快气氛，从而增加小镇公共空间的活力并起到广告效应，为小镇的繁荣气氛增添活跃因素。

如果将竹久居客栈中的主要使用空间以闹和静区分，那么餐厅兼多功能厅当属闹的空间，而客房属于静的空间。对于一个度假客栈来说，客房的空间品质起到决定性的作用，特别是对于一栋拥有优良外部环境的客栈来说，其客房内部的空间品质以及对应每间客房的外部环境和景观视野，是提升客房乃至客栈整体品质的关键因素，也是实现该客栈原初理念的主要空间途径。客房品质来自于内外元素的相辅相成，而内外元素的联系与转换界面是每间客房的窗，其朝向以及窗的形式成为整个建筑构成至关重要的因素。

碍于建筑占地、高度以及规模的严格限制，整个建筑体量只能采用紧凑集中的形式。为了每间客房能够获得最佳的景观面，西向山景、南向竹园与小溪的外部环境元素催生出"L"形的必然形态结果。这里的"L"形与其说是建筑师因为环境因素和内部空间使用要求而作出的选择，不如认为是建筑自身由外而内，对于环境条件和内部空间特质而产生的自然反应，是自主生成的形态。"L"形的建筑形体加之每个结构跨度前后的错动，让客房获得多样性的景观视野，每间客房都拥有不同的景观面和外部空间特点，以满足不同使用者的偏好。有的客房面向自家竹园和内院，在获得中国传统私家花园景致的同时，形成亲近的交流与互动的空间氛围。有的客房则直接面对自然山景，无外部公共视线干扰，拥有更具私密性且充满广阔自然野趣的景观面，克服了一般旅馆建筑客房具有的均质性和重复性。

在建筑形态自然合成之后，如何寻找内外元素联系界面的形式，即客房的开窗方式成为这个设计具有挑战性的难题。旅馆建筑的单一客房很难如其公共空间那样，可以拥有多种与外部空间接触的方式，通常是重复性的排列与组合，并且受到楼层水平向结构构件制约。而拥有景观的度假客栈客房的窗，从设计之初就被确定为创造优质室内空间的关键因素，也是有别于一般商务旅馆建筑客房的特质所在。显然，一般的窗的形式即使撑满整个开间的水平和竖向结构，仍然没有突破一般客房的常规开窗方式。从室内视域分析与研究来看，对于拥有竖向景观和天空因子的环境条件来说，窗的竖向伸展有利室内获得更通畅高爽的优良视野。视域的分析结论给予建筑师以灵感，由此，外部的景观和内部的视域要求确定了每间客房需要突破层高的限制，而形成部分两层通高的窗，以激活客房内部的空间。尽管建筑内部空间十分紧凑，但通高的空间无疑使每间客房的空间大大扩展了。客房的面宽被平均分成三等分，其中的一个部分通高，相对另一边的一份，则是下层客房通高空间的部分。每间客房窗的面积并没有增加，却将一般水平方向的窗转化成了垂直方向的高窗。这一突破常规的开窗方式带来的是空间感受的巨大变化。高窗有助于消解人在室内的压抑感，降低室内的感觉密度，同时扩展了垂直方向的景观。莫干山如画般的景观真正变成了一幅画卷，悬挂在客房的尽端，成为每间客房的视觉中心。这个内部的空间操作同时形成了外部自由错落的立面关系。通过每间客房的通高空间，实现了室内人与环境的互动。同时，错落出挑的阳台更将室内与室外

客栈西向立面

客栈西向客房

客栈阳台

客栈南向客房

联系起来，构建出一种既可观又可感的整体景观体验。

内外元素促成建筑的形态和功能布局，并确定客房的朝向和窗的形式。而建筑形体占据空间后留下的外部空间，在表象上是外部元素的提取，实质仍然是内外元素的相互作用而成。“L”形的建筑形体自然围合成主体建筑入口前的广场和室外休闲区，与其说是巧合，不如说是内外逻辑的必然。为使用者提供更多的交流与互动的机会，始终也是贯穿于整个设计中的理念。因室内空间的有限，在安置具有公共空间性质的餐厅和门厅之后，所剩的仅有交通空间可用作公共的用途。对于一个休闲性的度假客栈来说，共享的公共空间的缺乏显然有悖于其建筑的性质。此时，“L”形形体围合成的室外广场便弥补了公共空间的缺乏。广场东向面对该客栈庭院的人行主入口，以欢迎的姿态迎接客人。南向是竹园，紧邻的恰好是穿过竹园的东西走向的小溪，曲折的小溪暗示了广场的边界并与建筑实体“L”形两边共同形成外部空间的亲近尺度。围合广场的“L”形建筑形体两侧，一侧是错落跳动的客房阳台，一侧是客栈的交通走道，走道中的行人与阳台上住客都是空间中生动的活跃因子，增加了广场的生气，并与广场中流动的及休闲区坐着的人们形成“人看人”互动共享的空间气氛，为客栈创造了一处户外的具有亲和力且不再冷漠的“客厅”，形成聚合的场所感。

客栈立面局部

人工与自然

无疑，建筑是人工建造物，如何协调人工与自然的对立，从而相得益彰，是这个设计遇到的另外一个课题。建筑师没有回避建筑物的人工属性，反而有意强化这种人工表征，并以对比的方式存在于自然环境中，通过建筑空间与形态、建筑材料和技术细节回应自然。

竹久居客栈中所有的客房空间和公共空间都以自然环境条件为首要生成依据，并且其形态也是顺应自然环境与地形条件而成。内与外的合成，在一定意义上是人工空间与自然空间的合成，是两者空间的渗透，而渗透的主要目的是让室内人工空间获得外部的自然景观，在美学意义上化解了人工与自然的边界，拉近了人欣赏自然的距离。每间客房拥有一个自然的景观面，将远处的自然景观通过窗户转化为内部空间中近在咫尺的一幅图像，并且成为客房空间的主角。此时，人工与自然的分离因空间与视线而获得统一，并且将自然与人工的拼贴转化为混合状态。

从竹林看向客栈

自然环境的景观选取确定了建筑形态水平向的“L”形走向，而地形的条件则生成了建筑竖向形态的高低错落。为了顺应用地地形的不平整和西高东低的地形走势，在建筑内部，餐厅与客房以及北侧和西侧的两部分客房之间都有半层的高差关系。从门厅进入建筑，通过几级台阶下半层，连接到餐厅，西侧的客房同样通过几级台阶联系起来。这种恰到好处的高

竹庭院中隐隐约约可见客栈

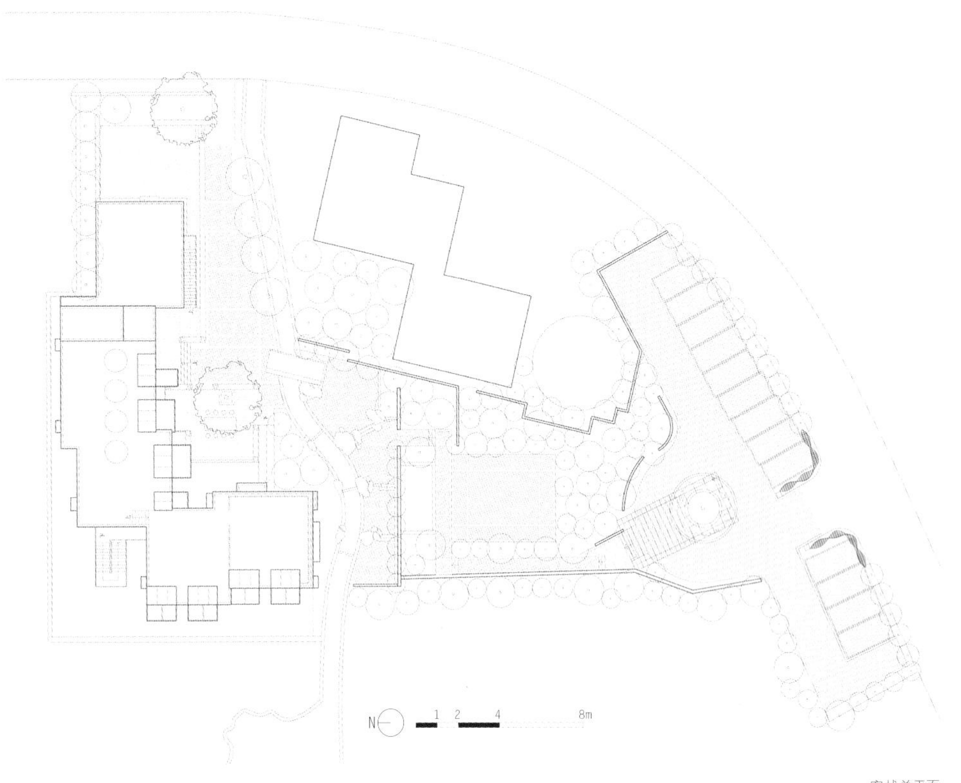

客栈总平面

差关系并没有削弱室内空间的可达性，反而增加了空间的层次与探索的趣味。内部的空间变换自然而然转化为外在的立面变化，错落有致。“层”的概念在这里被削弱了，远山层层叠叠，建筑轮廓所形成的折线与远山的自然起伏形成一种反差的互动关系，建筑与环境此刻融为一个整体。通过客房内部的空间错动，不仅将景观引入建筑之中，同样让建筑与整个环境产生对话与互动。尽管建筑形态的方直几何体是一种人工物，然而它的形成和产生都是顺应自然环境而获得的结果，是对环境的回应，在人工和自然之间存在着内在逻辑。

小溪、竹林、云海，莫干山安静闲适，却不可避免受到资本的冲击，小镇道路两侧树立着各式仿古建筑，真正的老房子却并不多见。“民国风格”为当地居民所津津乐道，在早期的设计要求中，管理部门也提到要和镇上的民国风格相协调。建筑师所希望的是真实的建造，尤其在一个相对自然的环境中，用现代性的“自然”对应真正的自然，那就是材料与建构的真实。在整个建造过程中，建筑师对于材料与施工过程的真实性达到一种偏执状态，甚至是“过度”的真实。保留这些材料与建造的原始土风细节，能让建筑不停留在视觉的感知，而能触摸到建筑真实的存在。

建筑主体材料，建筑师选择了清水混凝土，其他辅助材料选用钢与玻璃，当地施工技术的落后使这种真实的呈现更增添了粗犷的气息。对混凝土的青睐仿佛是一种内心的记忆，如同卒姆托记忆中儿时门把手的独特“气味”一般。室内、屋顶以及梁柱结构的混凝土直接裸露，墙面则将涂料直接喷涂在粗糙的砌块表面上，一切都是真实的直接展现，伸手触摸感受到的正是建筑自身的性格。外表看似粗野，但是彩色窗帘以及竹胶板的使用让室内也不乏温馨感。竹林、石材与混凝土，因为彼此的真诚与纯粹而能相互协调，现代人工与自然并置，是一种自然的合成。

竹久居客栈是一栋新建筑，混凝土的本色与克制的形体造型使建筑在小镇上并不显得招摇，却也不会减少人们的注目。从建筑旁经过，没有巨大的招牌，这种低调又亲近的气氛仍然会吸引人们踏上入口的石材铺地，在餐厅前的木质平台上坐下小憩，被竹久居的真实所动。

竹影摇曳的客栈

客栈围墙建筑材料

结语

莫干山竹久居客栈最终呈现给人们的是对特定的环境条件、施工技术、建筑材料，以及建筑的目的和各种程序的回应，是各种元素的合成结果。通过内与外、人工与自然的合成，为人们提供一处回归从容与自然、无拘无束、休养生息的诗意的栖居。来到这里的客人感到快乐的不仅仅是莫干山的风景，更是流连于竹久居为他们创造的生活环境和生活方式。这也正是建筑师希望这栋小建筑所拥有的价值。END

客栈阳台

深圳市建筑装饰集团30周年庆座谈——室内设计公司生存之道

撰文 | 西西
摄影 | 钱建国

2016年9月20日是深圳装饰集团成立30周年的纪念日，
来自全国各地的室内设计师聚集一起，
就大型装饰公司设计院面临的困惑、挑战，
以及大型装饰企业设计院如何与自由设计师合作，
打造设计与施工精品等议题进行了热烈的讨论。

唐伟武（深圳市建筑装饰（集团）有限公司副总裁）：欢迎各位设计师来我们深装集团设计院，希望各位给我们设计院的工作多多指导，让我们的设计工作有所提升。我心目中一直都认为：设计是一项很伟大的工作，因为有了发明创造，我们人类文明才不断进步提升，而设计正是发明创造的基础工作，因此我对所有的设计师都十分敬佩。我们设计院，是从我们集团公司成立的时候就已经建立的，深装集团到今天刚好是30周年，我们设计院也成立了30周年。在全国的装饰行业里面，我们是第一批设计甲级资质的专业设计院，也是国内第一批最大型的专业设计院之一。过去我们曾经创造了很多标志性的作品，获得了不少的奖项和荣誉，但近年内也有不少优秀的团队赶超了我们。设计市场是专业细分、合作共赢的，期望我们的设计院能在以后跟各位设计师有更紧密的合作，也希望各位设计师以后能继续给我们深装集团予以支持帮助。谢谢大家！

吴磊（深圳市建筑装饰（集团）有限公司设计院院长）：这几年行业发展到一定阶段，大型的装修公司、特别是设计院面临着很多的问题，状况不是特别好。自由设计师和大型装修公司的设计师之间的互动和关系，需要整个行业去思考。我了解到很多大型装修公司有很多大型项目做，但是自由设计师不愿意参与，或者没办法参与。比如我们前段时间投了一个标，里面有很多空间，自由设计师可以一起来做，但如果我们自身设计院做会很尴尬，时间很短，把握不住。很多这种情况，我觉得大家是不是可以就这个问题有些互动。

石赟（苏州金螳螂建筑室内股份有限公司第十五设计院院长）：比较大的设计公司，目前好像都在说市场非常差，项目萎缩，规模往下降。我从来不认为市场低迷，是我们的市场占有率在下降，别人的水平在上升。我们公司针对这样的情况采取了很多措施。比如说最近成立的很多专业小组，分成金融类、办公类，酒店也分好几类，所谓的豪华酒店、大型酒店等等之类的。专业小组慢慢发展到专业的事业部或者专业的设计院，一个是怎么把项目做得更好、更专业，做得方向更对；第二个，通过对一些数据的整合、案例的分析，学习交流，可能还会组织类似于咨询公司或管理公司。我们金螳螂的口号就是全力为客户服务，为客户创造更多的价值。我们目前在专业方面关注两点，一个是研究，第二个是发展。

沈雷（内建筑设计事务所合伙人/设计总监）：现在的形势，对内建筑的影响是小活开始少起来，大活多起来。这样的项目我们并没有什么突破点，项目做得越大，或许对自己的提高越少。上几万方、十几万方的项目，要每一个做到精到很难。现在我们手上开始有拖得周期比较长的事情，再加上新的事情，整个团队的效率都会下降。我一直在强调，效率这个东西千万不能慢下来。从设计师的角度来讲，从工作量来讲，我觉得两万方和五万方也差不多，但是设计费不一样。

石赟：面积大的会多一点。

沈雷：对，所以现在我们不去说形势好，还是形势不好，学设计的每年在毕业，最后来瓜分的不是少数一部分，是做设计的都要来。有时候真的需要面对自己，别人来找我们设计，我们能够认真地对待。有很多业主要求比较高，这对我们不是坏事，如果没有要求，最后我们自己的水准会下降。

石赟：倒不是你的水准下降，是业务大了之后投资风险增加，增加之后他认为你的风格可能太冒进，他情愿是大家都能接受，情愿是他看到过的成功模式，你一突破他就会有顾忌。

钱建国（温州大木建筑空间设计有限公司总经理）：关于这个我感受最深，做大项目有时候搞得人心气都没有了。听起来一个项目设计费好几百万，但是当你分段的时候，每人拿到的钱很少。大项目做多了，公司资金链都会有问题。

沈雷：最好的配比是大活三分之一，小活三分之二。以后大的设计院就是共同办公的概念，设计院假如碰到经营有压力的时候，可以把自己拆分成很多小组，找不同的人，不一定是长期的。有些大型的公建，像医院、车站，也可以找专业的团队合作。但是或许我们在同一个空间里，因为很多时候假如我们不在一个空间里，配合就会出问题。虽然现在是互联网时代，但还是需要去交流，这个交流是他知道你的要求，我知道他的能力。

任萃（十分之一设计事业有限公司设计总监）：我们公司形态是小型的Studio(创作工作室、工作坊)，五六个人，属于快打式的，通常内地部分的案子我们纯做设计和软装，工程只有台湾有做，因为有些案子在内地尺度大，比如说商场，后续涉及到施工，

太鞭长莫及了。对我来讲比较好的一件事情是内地的案子很多，市场变精致了，慢慢要求变高了。早几年甲方可能需要引导，现在他不需要引导，而且他看东西反而比我多，促使我要再开拓自己。而我团队底下的人我希望概念是强项，我会训练他们都跟我一样第一时间分析业主、做出应对。当我跟业主接触完之后，就把他拖进与业主一起的工作组群（微信）来，变成他是窗口，而我在背后指导他怎么做、怎么反应业主要的答案。所以我们都是前线，不是前线就只有我一个人，我们是一个 team work 团队作业。

钱建国：我原来公司比较分散，在新加坡、中国都有团队。在新加坡我只做概念，连后期都不做。

沈雷：本身做小而精，我只拿自己的东西给你看，不需要做概念，我可以用很多方式去验证我的设计。我的建议就是假如有可能性，就不要给他看别人的图片。G20 的时候，我作为专家去评审了一个方案。开始时，概念方案都好得很，最后实施都很差。我也是尽量给自己提一点要求，出去演讲从来不重复 PPT，讲第二遍自己都觉得很难受。

张湃（银川大木栋天艺术设计有限公司设计总监）：每一位所在的城市不一样，每一个公司的发展方向不一样，关注度也不一样。我们那边碰到的更多的是看你有没有资质的问题。我们从公司管理的角度、设计的角度，有的小项目会短平快些，但像我们公司就是一定要吃饱了项目多了，才能够降低公司的管理成本。我们抓住强项的东西，他们丢弃不想做的，设计交给我们专业公司来做，他们去接工程。我们现在非常希望大集团公司对小企业资质上有支撑。公司之间的合作，会弥补互相的一些不足，彼此都过得舒服一点。

庞喜（喜舍创始人、庞喜设计顾问有限公司设计总监）：我们公司是一个比较特殊的例子，我们的项目相对比较短平快，所接触的项目类型也会有专属特性。公司十来个人，成本上控制得还不错，项目上一个一个弄，尽量不做不熟悉的项目。我只做概念设计部分，风格意向定完之后，深化部分让团队以及苏州当地的合作方配合完成。但是这中间我们比较注重一个点，就是项目设计管理。全程跟踪，每一个节点一个一个严格控制时间进度，对每个节点完成的把控也是严格按照设计方案的要求完成的。

黄伟彪（甘肃御居装饰设计有限公司总经理 / 设计总监）：我们会对公司有时间规划，开始注重内部管理和设计运营这部分，希望能成为专业及规范性较强的设计公司。转型过程中，得到企事业单位的认可，使公司能参与许多大型的设计项目，如今年承接的 20 多万 m^2 的文创项目。但对于公司来说，确实超出我的管理能力，如公司部门的板块架构必须重新设计以及与同行学习交流等问题，这是我经常思考的。目前我主要负责公司的运营、设计管理，所以很羡慕大家随心所欲地做自己喜欢的，我希望也能多做一些自己喜欢的项目，保证设计的激情。

谢柯（重庆尚壹扬设计公司设计总监）：我们的工作方式更提倡团队的合作，梯队的建设比较重要。我们从没请过所谓的"成熟设计师"或者"高手"，我们更看重设计师的成长空间，我们所有人都是从画施工图开始的，包括我们现在的几个项目总监。还有，平时团队的"浸染"也很重要，我们经常一起旅行、看东西、看展览……这样的过程让团队更了解我们，我们也可以更了解团队。我平时跟团队交流也会经常聊设计以外的东西，聊艺术、商业、历史……所以现在我说说大感觉，团队就能找到很契合的案例，这样的沟通和默契让设计变得有趣，也可以让团队走得更高和更远。

沈雷：我觉得最终公司的成长和状况，跟所有人都有关系。还有一个，必须画图，老板不画图没有说服力。我到公司还是自己画图，这样下面的人才能知道他跟你的距离在哪里。我们不像大型设计院，别人来找你，是找你的，假如说公司人都说他又不画图什么都不干，就是接接活，那就没有人来找你了。

陈燕玲（深圳市建筑装饰（集团）有限公司设计院设计师）：深圳这个城市跟别的城市不一样，这个城市来的人都不太有背景，来这儿要不为了钱，要不为了更好地学习和发展，所以在一个公司不会待太久，跳槽是一个钱的提升，也是一个经历的提升。所以我们已经习惯于员工两三年的轮换了，很痛苦。

沈雷：我一直觉得人离开就是钱给得不够。我们公司以前也是一样，那时候我们公司一年到年底也有四五个人走，后来我发现一个是让他们有归属感，另外一个是合理地分配钱。

于建波（甘肃御居装饰设计有限公司

设计总监助理）：我做设计总监助理十多年，对具体工作的实施到最后完成的过程，所有的程序都有所了解，地域性的差异对于企业的发展也是很有影响的，坚持原创设计的同时还要不断保证公司的正常运营，资金、人员都会要考虑到。向大型的设计公司学习和交流，也是想能得到一些实际操作和管理的方法。在设计公司里，如何转变员工的思想，可能是目前我所在城市人力资源管理的重点。也希望在以后能和好的公司有多一些的互动，转变思想才能改变现状，让更多做具体工作的同事能有个好的目标方向点，不要停滞不前。

陈彬（ADF 后象设计师事务所创始人）：刚才说要做一家正规的设计公司，我就在想什么叫正规的设计公司。我们公司原来都做餐饮，基本上以这个为主，大概一两年前开始接不同的项目。大型设计院很难从设计项目中、创意上有突破。因为他必须符合体制，什么活都得做，这个没办法。我今年思考最多的就是这个，说得好听一点是建立品牌。我想的是引进新的合伙人，做成平台上并列的几个方向，房地产一块、酒店一块，都进行得不错。同时我们想把创意的板块加强，把制作的板块、生产的板块外包，有些公司完全把效果图、施工图外包出去。因为这个体块太大，当你的项目进来以后，施工团队总是不够，拼命加人，加人还要帮他考虑很多事情，考虑他的心情、工作环境、待遇，很难控制。现在尝试着把公司原来的施工图团队独立出来，不是完全丢出去，是体制内管理，但是核算的事是体制外的。

沈雷：我也希望有人可以帮我外包施工图，这是最理想的，但是好像又蛮难的。我们的节点都是新的。在座都了解我们公司，我们公司是只要是方案就会建模块，所有模块都是自己建的，拉给他就可以了，很轻松。假如说我外面找一个施工图单位，我把模块拉给他，就不知道跑哪儿去了。

陈彬：我说的不是找一个单位，我就是把那个管理者谈好，他也愿意，他还是在我整个体系下，但是跟他的关系就不是公司上下级的关系，是两个公司之间的关系。

石赟：陈彬的方法特别适合现在的形势。以前我们的管理方式是金字塔型，现在是扁平化的。刚才说的专业化好像就是酒店专业、医院专业、养老地产专业，其实还有施工图专业等，全部做成平行的，这样对他们的收入、定位都会改善。我们的施工团队有深化设计，在设计上的特殊设计节点特别交代，都很明白怎么做，处理得很好。这个设计人员很重要。

赵毓玲（江苏省室内设计学会副秘书长）：我接触很多设计公司，不管是大公司还是小公司，设计的方向把握很重要。南京有一个做医院的，就专门做医院，做得蛮牛的。他最早的时候也是做餐饮的，后来找到自己的方向，我也是看着他这样慢慢做起来的。像金螳螂这样的大公司，他们的作品，大量大量地出来，但是刚才大家讲的，看不到好的东西，缺乏打动人的作品。

宝剑辉（深圳市建筑装饰（集团）有限公司设计院高级设计师）：我在公司主要是负责技术这块和公司后期的施工图阶段，包括后期跟进这些工作。这个过程中在总结一些东西，怎么样让自己从最早方案到最终出来的施工图保持一定的水准，但是现在感觉控制起来还是有点吃力，像下面这些绘图、施工图的设计，他们未来提升的空间和发展非常大。我们自己也在考虑，现在技术上所有的人都参与到前期方案和实施。在前期做方案施工，每一个尺度地控制，这样有一个很大的好处，前期方案参与进来再画施工图的时候，方案设计这块很轻松。一旦这个表皮形成好了，骨架对设计师来说就容易了。

吴磊：我们做大型项目，合同一签，很关注文案，比如来往邮件，每一个节点标准非常严格。这个是我们在设计过程中非常慎重的，甲方经常一个领导来了，这个地方改一下我们就傻了。我们都是跟老外学的，对老外，你说没有用，必须黑纸白字。几个钉几个线都画上去，这一点做得非常细，全是他在做。

徐纺（中国建筑工业出版社华东分社社长）：你们现在跟大家有很多合作？

吴磊：我跟张湃有很多合作，我们有很多分院，希望找合适的人，有一个团队能把这个项目拿到。其实就是一个资源调配，现在中国装饰行业水平不断提高，工艺在改变调整。在深圳这个资源特别丰富。

徐纺：大型设计院，从建筑设计院来讲，目前整个水平比以前高多了，也不断有好的作品出现。他们现在有机会去做一些比较好的东西，这个体制里面一定有一些东西值得我们借鉴。

石赟：相对传统经营，我们去过 CCDI、联创等很多建筑设计公司考察学习，他们这种行业理念是非常先进，但是它是适合大型公司，不适合小公司。他们公司的这种理念太复杂了，对员工的管理模式和我们完全不一样。不是说一个人只能做一个专业的事情，当然也不是所有人都能做设计，有的人是所有设计都可以做的。但是你必须要有时间去做。所有的专业知识都是最基础的

东西，不是什么高深的东西，设计到最后还是人的脑袋。

孙华峰（河南大木鼎合建筑装饰设计有限公司总经理）：大院的模式，对我们这些企业来说完全不合适。我们跟陈彬公司差不太多，我跟沈雷的想法也一样，别那么多事，因为你管理这么长时间了，你对你员工、对你生活的环境、业务状态了如指掌，怎么适合怎么来，只要双方都舒服了，我觉得就可以了。完全按照所谓的套路做，公司很难做下去。

彭征（广州共生形态设计集团董事/设计总监）：我刚开始毕业就做公司，那时候公司是做市政项目。但是后来发现做政府的项目，沟通的成本特别高，而且大多数需要挂靠，所以就慢慢改做房地产、做企业，做企业就觉得单纯很多。做政府公建项目时我们会遇到问题，那就是我们连基本的资质都没有。而像设计院这种持牌上岗的企业也会遇到问题，比如说生产效率低、创意不够、员工流动性大。所以，我在想未来的设计院能不能慢慢平台化，员工慢慢创客化，这样设计院也可以集聚一些优秀的、有创意的团队在这个平台共同工作。我们现在也正在跟设计院建立一些这方面的合作，也在尝试做一些项目。总之，每一个公司的基因不一样，每一个公司的管理方法也不一样。

沈雷：我谈一个方式，大家可以借鉴。设计公司可以用买机票的方式，预定三个月、六个月之后。因为你来不及等待，我也不愿意外包。我跟很多甲方直接讲，你这么急我没办法，假如三个月之后六个月之后约设计，我给你便宜多少钱。比如你约了三个月以后或者六个月以后，原来五十万，现在我三十万就可以。

陈彬：问题是那时候你还很忙。

沈雷：六个月以后还有活干，我就涨价了。最后你算不过甲方，甲方都会算得比你还清楚。我以前说十家起签，他跟你签了，做了五家他不做了。但是我收费很高，我十家起签先收30%，三家已经收了，但是五家做完以后他不找你了。

刘世尧（河南大木鼎合建筑装饰设计工程有限公司执行董事）：刚才徐纺老师提到设计院的事，我们感觉到所谓的分配实际上是借鉴了我们那儿的某设计院，而他们也是借鉴了全国很多建筑设计院的模式。当年该院成立工作室、事务所，形成一个独立的合伙人形态，一年改下来产值增加好几个亿。当时受到这个启发，我们商量干脆我们也改这样一个形态。当时我们也把公司的基本成本确定下来，刨去成本按比例跟大家分。但是运营也出现问题了，各个所项目不太均匀，完全均匀是不太可能的。河南这个地区收费不是很高，人很多，工作效率不理想。这样就造成了很多所之间的差异比较大。这里问题就出来了，后来就把设计师变成项目合伙人，开始一直在变化。这种调整让我们很累，员工也觉得不明确，年年在变。总的趋势实际上收入在增加，但是有照顾不到之处。

沈雷：肯定是增加很多，还是不满意。

刘世尧：大部分的方案都是我们几个来做，他们就是深化，就变成他们心里不平衡，我们心里也不平衡。

沈雷：我们没有组，到处拎人，变成组就变成团体。我对我们公司所有人都很了解，施工不太了解，方案了解透了，他们谁能干什么我很清楚。一般来讲，我们做会提前先去看，看了以后勾画一下交待出去。我根据他们的能力定他们的点。这个人有多少能力，他就能分配多少点。你能力多就多做一点，因为我知道你手脚快。

孙华峰：我们现在每一个组都变成一个矛，每个人都非常厉害。我们所长都很厉害，成长非常快。但是如何带团队是考验每个所长的时候，过去是公司全管，现在是化为一个个小公司自己管，就比较不容易了。

刘世尧：现在基本上能判断一年能干多少项目，基本上没有太大的变化。

付俭（江西大木工程设计有限公司总经理）：南昌的市场可能有些迟缓，我们公司一年接的案子也是控制在五六个，但是我从上个月开始有一个想法，好一点的大中型项目可以整合大家一起来合作，各自发挥自己的特长。

赖旭东（重庆年代营创室内设计公司设计总监）：我公司规模一直控制在三十人以内，再大我真心无力管控，我了解自己不是一个好的管理者。公司基本上是我一手从学校教出来的学生，大家思路还算一致，也没有因为前几年井喷式的业务而扩张员工，担心人多管理不善导致交于客户的案子水平下降。我一直相信这种现象是暂时的，大浪退尽才见真章，那时客户会认真比较谁的案例是好是坏，所以在我能管控范围内尽可能把每个案子的水准控制在一个水平，不因求多求快做出的东西来拉低公司设计水平的平均值。这样坚持下来，所以这两年市场行情走低对我们公司也没什么影响，优质的客户一比较后仍然会找我们，我们的老客户更会找我们，在西南地区我们公司收费标准应该排前几位，但客户看了我们以往的案子都会信任、委托我们公司，他们认为有保障，放心。END

梁志天：每一个十年，我都在寻求变化

采　访 | 徐明怡、朱笑黎
整理撰文 | 朱笑黎

1957 年出生于香港，以现代风格见称，善于将饶富亚洲文化及艺术的元素融入其设计中；
1987 年创立建筑及城市规划顾问公司；
1997 年重组公司，成立梁志天建筑师有限公司 (SLA) 及梁志天设计师有限公司 (SLD)；
2007 年成立"1957 & Co."品牌，进军餐饮业；
2014 年及 2015 年期间成立三大新品牌公司
——梁志天酒店设计有限公司 (SLH)、梁志天国际有限公司 (SLX) 及梁志天生活艺术有限公司 (SLL)。

1 香港 yoo Residence II
2 香港 yoo Residence I

ID =《室内设计师》
梁 = 梁志天

ID 您从执业以来，是许多设计师学习的对象。能先和我们简单分享一下您这么多年来的经历吗？

梁 假如要回顾我的历史，基本上我在二十岁、三十岁、四十岁一直到现在快六十岁，每个阶段都会有一个比较明显的转变。这里面有一些巧合的成分，但也可以说是我的一种计划。1987年，也就是我30岁的时候，我成立了自己的建筑设计公司。在最开始的三年是我一个人在做，而在1990年加入了一位合伙人，合伙关系一直维持到1997年。这十年里，我基本都是在香港做建筑设计的项目，有跟发展商做的项目，也有跟私人业主做别墅类的项目。

到了我四十岁的时候，就是1997年，我觉得对我来说是一个转折点，主要有两个大方向的转变。第一，我想我不能只做建筑设计，还要去做室内设计。这也有两个原因，其一是在香港做建筑设计往往会受到很多限制。香港地少人多，地皮很贵，一般做的都是比较小型的项目，或者是跟着大的开发商做，能够发挥的空间就很少。我们做了十年建筑设计后，回过头再看，其实能真正让我们满意的项目并不多。另一个原因是，我那个时候开公司已经十年了，看到香港经济的起起伏伏，深感建筑设计和经济发展的循环关联紧密。如果把所有的投资都放在建筑设计这块，要承受的风险就会比较大。那么，我就想到建筑设计和室内设计两架马车一起去做。室内设计的周期和建筑设计的周期很不一样，这样一来，我要承担的风险会相应降低，而且我是很喜欢做室内设计的。所以当时我把原来的公司一分为二，一家是梁志天建筑师有限公司，另一家是梁志天设计师有限公司。我没有像许多人一样，把室内设计放在建筑设计里面做，我觉得那样是不对的。首先这两个行业是不一样的，所以这两个公司里的员工也应该是不一样的。更重要的是，我要告诉我的客户，我做室内设计并不是把它视作是建筑设计的副业，不是说我在做建筑设计之余兼做一些室内设计的项目。我不是这样一个心态。我当时想得很清楚，室内设计会是我之后很重要的发展方向。

当年另一个重要的转变是，我想把业务推到内地去。1997年，这一年很重要，是香港回归的一年。那么，作为一个香港人是不是要研究一下我们和内地的关系？我们是不是要往内地发展？我一直在考虑这些问题，之后就决定要把握这个机遇。其实刚开始的时候，我对内地不是太认识的。虽然，我去过北京、上海，但都是旅游性质。巧的是，那时我有一些客户，他们是香港的发展商，也准备在内地投资。所以我就跟着他们到内地来做项目。第一个项目是在上海，就是南昌路的东方巴黎。

现在回想，1997年开始的时候，我在内地项目的比例是0，到现在是70%~80%。当年我建筑项目的比例是90%，室内是10%，到现在刚好是相反的。在这近二十年的时间里，不论是对我个人来说，还是对公司来说，改变都特别大。这可能也是没人能想象到的二十年，从0到80%，从90%到10%，真的很有感触。

ID 您提到您刚进入内地市场时，客户、项目都是从零开始。那您是怎么打开这个市场的呢？

梁 刚开始的时候，我就是跟着香港的客户一起过来，接了东方巴黎的项目。东方巴黎

1 黄山涵月楼度假酒店
2 香港 W 酒店星宴
3 香港安南餐厅

之后，我们又接着做了镇宁路的东方剑桥，还有徐家汇的东方曼哈顿。这三个项目是我在内地的第一批案子。后来慢慢地，就开始有些内地的发展商来找我们做项目。当时在上海，我们比较早期的客户是仁恒，在黄浦江边上做了仁恒滨江园。再后来，我们在广州、深圳也开始有项目。从上海开始，到内地别的城市，从香港的发展商到内地的发展商，这个市场就这样拓宽了。

ID 猜想您刚刚进入内地市场的时候，您所偏好的设计风格可能并不是很受认可。鉴于当时宫廷巴洛克风比较受欢迎。

梁 这个问题很直接，确实是这样的。还是回到我前面提到的东方巴黎项目，那个项目其实我只是做一个样板房，并没有太多的内容。当时东方巴黎的老板跟我说："Steve，我想你给我做这样一个设计，只有一个条件，就是不能做你在香港做的现代简约风格。"我不明白这是为什么，就问他原因。他告诉我说那种简约的风格可能客户不会接受，然后让我做古典一些的。但是我不喜欢做古典，就也跟着一起到上海先来看看。到了之后，我发现真的很多都是巴洛克或者说是古典的风格，有些甚至做得很夸张。但是，我也看到一些不是那么古典的。所以那次回到香港之后，我就想可以折中，做一个现代古典，就是偏美式的古典，而不是欧式的古典。后来这个样板房出来以后，我们收到了销售反馈的意见，还是有客户欣赏、喜欢我这种风格的。

当年有些人不接受这个风格，我觉得这是很自然的，不可能有一种风格是每个人都喜欢的。我当时尝试做了这种现代古典的风格，可以说是稍微走在一般客户的前面，主要是想让他们看到一些新东西。所以，就从这个意义上来看，这个项目也算是成功的。在我们后来的项目里，像是东方剑桥、东方曼哈顿，就开始做得更现代一些。但也不是现代极简，仍旧是比较丰富的现代风格。然后慢慢地，我看到上海开始改变，到现在基本什么风格都有，什么风格也都能被接受。但有趣的是，那时我在上海、北京、广州、深圳做项目，我能感觉到每个城市都很不一样，直到现在这些不同也仍旧存在。我觉得，现在上海的眼界是非常国际化的，但是在 1997 年上海的设计风格还是最偏向古典的。

相比较之下，北京是最疯狂的，各种风格都能接受，甚至有时我都觉得那种风格太过了。当年，我们在北京做项目很难。因为那时很多在北京的发展商都倾向找外国设计师做项目。我猜想可能是那些发展商认为国内没有设计师可以选，包括台湾、香港的设计师在内还是不对味，所以喜欢用外国的设计师。这是他们的选择，我不能评论。但是，还有一个问题是，那时外国设计师来中国，他们有些在工程上不习惯做得那么紧，甚至家具看上去就像乱放一般。当然，好的项目也是有的。之后过了挺长一段时间，可能有五到十年吧，北京的开发商才开始明白，这不是他们要的设计，开始明白吸引眼球的设计不一定是好的设计，也看到了香港的、内地的设计师当中做得好的那些项目，这个是北京的情况。

广州是较保守的城市，我们第一个广州的项目是跟本地一个发展商做的。他们非常

实在，不论是空间上的使用，或是材料、成本上的控制，都非常理性。现在为止也是这样，这可能是广东人的一种习性。

深圳就不一样。虽然也在南方，但深圳是一个百花齐放的城市，是一个设计师的乐园。深圳的发展商、设计师的思想都很开脱，他们来自很多不同的地区，也没有那么多规条框架。我觉得深圳很不错，既能平衡功能上的问题，思维上也很开阔。

ID 您的公司最初是 1987 年成立的，那时候您 30 岁，很年轻。您当时是怎么想到要成立自己的建筑公司？最初的公司是怎样一个规模？

梁 其实学建筑，然后做一个建筑师，也是我很小的时候就立志要做的事情。我家里有个叔叔是建筑师，小时候我们住在一起。每天放学以后，我经常能看到他拿着图纸在家里画画。那个时候我非常仰慕他，他是我的儿时偶像。所以，我很小的时候就知道建筑师是怎么一回事，一直想着我长大以后也要做一个建筑师，就像我的叔叔那样。所以，也就一直往这个方向努力。之后我就考进香港大学的建筑系。进大学的第一天，我又定下了一个目标，就是之后我要当自己的老板，换言之，就是成立我自己的公司。这可能和我的性格有关，我有当老板的欲望。所以，当建筑师，做老板，开自己的建筑公司，这不是选择，而是我很早之前就做了的决定。1981 年我毕业后，就开始往当老板的方向去做。六年后，到 1987 年，就真的成立了自己的建筑设计公司。

那最初公司的规模是什么样的？我想那根本就是从零开始，就是我一个人。我那时第一个请的人是秘书，再之后，一个、两个、三个，慢慢地建立起了团队，一直发展到现在的规模。

ID 一路走到今天，想必您在经营公司方面很有心得。

梁 我觉得自己在经营公司方面，也有点心得的。就像不是每一个厨师都会开自己的餐厅，也不是每一个设计师、建筑师都会开自己的事务所。要做一个好的老板，必须有多方面的能力，不是说把建筑、设计做得好就可以胜任了。一个设计师开自己的公司前，应该问一问自己是不是有足够且全面的能力。当然，首先他要有一定的设计能力，此外，还要判断自己在市场推广、公司管理、财务管理、项目管理等这些方面是不是也有能力。我个人觉得自己也算是一个全面的设计师。从 1987 年开始到现在，除了 1990 年到 1997 年那段时间里，我有一个合伙人外，其余的时间里都是我一个人做决策。当然，我也不是说能力并不是那么全面的设计师就不能当老板。找合伙人，或者找能力匹配的员工，都是可行的。但是，必须要注意的一点是，一个老板，一个决策者不能完全依赖他的员工。因为员工可能会中途离开，这是不能避免的。

从一个设计师转变成一家设计公司的老板，这个过程并不简单。有些设计师从我的公司离开，到外面开公司，我当然很替他们高兴。但是，我也会提醒他们，这两个角色的差异很大的。有些人可能会觉得开了自己的公司以后，会比较自由，工作负担会变轻。但事实并不是这样。做设计师时会碰到的问题，做了设计公司老板之后还是会有，

1 2 | 4
3

1.2 南京九间堂

3 香港天汇

4 上海古北壹号

像是被客户追图纸、电话催、开会这类问题是没办法避免的。甚至在做了老板之后，这些问题会变得更严重，因为以前你处理不了，可以找老板来帮你协调，现在你自己就是老板了，你要独当一面，挡在前面去处理。所以说，如果一个设计师他还没做好这种心理准备，贸然就决定开自己的设计公司，那一定会很累。

不过，如果你有这种准备，也具备这样的能力，那么自己做老板就是特别吸引人、特别棒的一件事。首先你有绝对的控制能力，不再需要通过别人就可以自己做决定。此外，你会有机会慢慢建立自己的品牌和形象，这个也是很好的。把一棵小苗培育成一棵大树，甚至拥有自己的一片森林，多少人能做到这步？但说回来，一个公司也不止一条发展的路。一个公司可以只有两个人，可以有二十人，也可以有一百人、五百人，甚至更多。像我从最初自己一个人做到现在一间四百人的公司，经营的方法肯定不同了，而这种变化也不是一蹴而就的。

ID 在外界看来，您既是一位优秀的设计师，同时也是一个成功的设计公司老板。那您是怎么给自己定位的呢？

梁 我并没有特意去定位。我就是做我喜欢的事情，做什么都是从心出发，我觉得这样才会开心。综合来看，我认为自己是比较全方位、全能力的一种设计师。首先，我喜欢设计，我设计的能力也不低。除设计之外，我也很喜欢管理和做生意。还是拿厨师来举例子，有一些名厨会选择在大城市开餐馆；但也会有些厨师他们就喜欢躲在小村庄里面，厨艺很高超但每天就煮十人份的菜。那你说后面那种厨师就不棒吗？这两种厨师究竟谁比较棒呢？我觉得这种比较没什么意义，无非是选择开店的厨师，在厨艺之外还想要发挥别的能力而已。

还有一点，我觉得自己是一个感性和理性并存的设计师。我不研究星座，但我知道自己是双子座。巧的是，我有两个性格，一方面我是偏艺术的设计师，我有比较感性的一面；另一方面我是一个管理者、决策者，我也是很理性的。每天我的两个脑袋都在同时工作，所以，我做每一个决定都是感性和理性相结合所得出的一个结果。我的思维方式就是这样的，我觉得也可以用这点来定位我自己。

而这样的思维方式也决定了我公司的发展方向。大约是在2007年，也就是我五十岁的时候，我问过我自己，梁志天你五十岁了，你想怎么做，你想公司怎么发展？那时，我公司大概有150人，那么这个规模能不能再扩大？在感性上，我觉得要不断挑战自我；而根据理性的判断，当时我们公司也确实有这样的客观条件。那为什么不往前走？所以我就决定公司还要继续发展。之后我重组了公司的管理层，把我大学里一个同班同学请到我公司。他也是学建筑的，但他不做设计，而是专做管理。他来我公司之后，我就把很多管理上的事情转交给他。这样一来，我就可以有更多时间去做设计管理，还有项目拓展这些事。就这样一步步地，公司从2007年150人发展到了现在(2016年)400人，这些都是在我的计划之中的。而且我认为公司仍有发展的潜力，现在的400人并不是它的极限。

ID 在您60岁的时候，是不是也想好了会有所改变？

梁 有啊，有很多改变。事实上，我们公司在两年前已经卖掉了70%的股份。我觉得这对我个人、对公司来说，都是一个很好的决策。为什么这样说？首先，我自己做老板，做了这么多年，拥有这样一个企业。现在，有人愿意以一个很好的价钱来买我公司的股份，这份收入可以说是对我这么多年来花在公司里投资以及心血的一种回报。有些人可能不明白，会觉得梁志天公司以后就没有了。我反而不是这么理解的，你试着把公司看作是一个人，它年纪大了之后，也会有第二代、

1 迪拜元餐厅
2-5 产品设计

第三代。这时，有一个人愿意给公司很大的经济支持，那么这对于公司第二代、第三代的发展是有利的。通过对我们的收购以后，公司里年轻的第二代、第三代会更有活力，因为他们能更清楚地看到公司未来的发展，在公司工作也会更勤奋、更卖力、更投入。那我之后要去做些什么呢？我希望花更多精力和时间去做一些别的事情，和公司没有关系的事情。当然了，也不一定就是玩。我想我还是会继续做设计，我不可能不做设计，做设计是我最开心的事。除了设计，我也有可能去做一些另外的生意。现在我也在做餐厅和地产的生意，这和设计都没有关系的。

ID 那么，参与"创基金"是不是也和您未来的安排有关？

梁 这其实也是我人生计划中的一部分。到了现在这个年龄，我常在想，公司的发展到了一定层面，就好像我自己的小孩，一天天地长大了，我不可能始终把他当成一个七八岁的小孩子一样来照顾。这样不对，对小孩来说也不好。现在是时候了，我的"小孩"要自己去闯荡了，要去结交自己的朋友。我要做的就是给予足够的信任，让它自由发展。其实，我现在的心态就像是为人父母，孩子长大了，搬出去住了，那做父母的就需要另找一件消磨时间的事情去做。

我是一个爱玩的人，但我也不能整天都在玩，还是想去做一些更有意义的事情。所以我就决定和其他几个好兄弟来做"创基金"，这也是我的心愿。随着公司上了轨道，我的私人时间也慢慢变多了，开始有能力、有条件去做一些有意义的事。那刚好，我们几个朋友都有同样的目标，所以就决定一起做一个"创基金"。我觉得这是一件很好的事情。我们当中有年纪比较大一点的，比如说邱德光、林学明，还有我，我们差不多都六十岁了，也有相对比较年轻的设计师参与进来，比如说琚宾、戴昆。某种意义上来说，这也是一种传承。以后，我们可能也会找一些"80后"、"90后"，甚至"00后"的设计师加入。我觉得这个是"创基金"以后发展的方向。

现在，我不会过多关注在公司利益方面的事。这些问题，应该交给公司的"后代"去多管。而做"创基金"就不一样，它可以为中国的设计界来做一些事情。我觉得这很棒。回顾过去的二十年，中国经济的发展迅猛，是一段不可多得的黄金时代，而我们就是活在这个"黄金时代"里的受益者。所以，我们更应该把这份收益回馈社会。这就是我的想法，也是我们办"创基金"的初衷。

去年我被选为国际室内建筑师/设计师团体联盟（International Federation of Interior Architects/Designers，简称 IFI）的 2015-2017 年度候任主席暨 2017-2019 年度主席。通过 IFI 的这个职务，我们可以让中国的设计师、设计作品跟全世界的高水平设计来做一些真正的接轨。中国设计需要这样的机会和平台，也需要在全球的设计活动中有更多的参与。这是我的愿望，也是我个人对中国的设计行业所能做的一些助益。

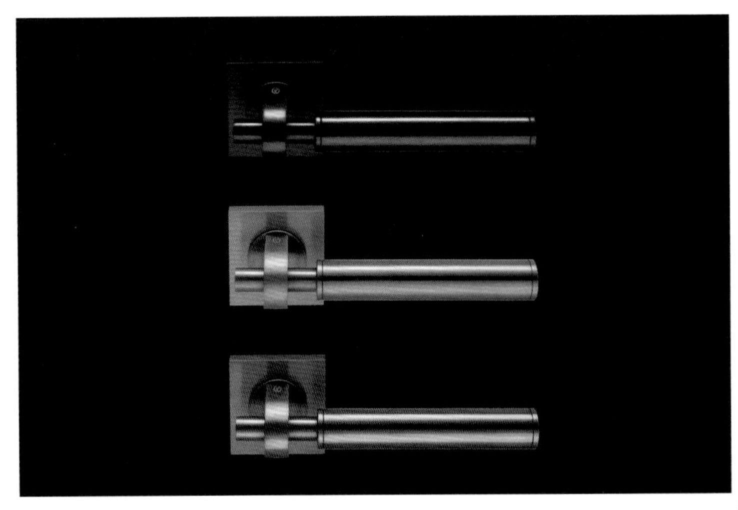

ID 前面聊了很多公司管理方面的内容，让我们回到您的设计，不论是经典的“梁氏”样板房设计，抑或是现代简约风的演绎，都十分出彩。

梁 怎么说呢，什么梁氏风格，什么现代简约，其实都不是独属于我的。所有人都可以做，有些人可能做得比我还要好。那为什么有人会觉得这是“梁氏”的风格？我想主要还是年代的问题。1997 年，我在上海做东方巴黎的样板房，那时还没有太多人做这样的设计风格，我可能是做这种风格的人当中比较早，也做得比较好的一个而已。但真要谈到我的风格，我做设计这么多年，就风格来说还是比较统一的。我不喜欢跟着潮流走，不会今天流行这个我就去做这个，明天流行那个我就去做那个。我的工作就和我做人一样，不会刻意去迎合别人的喜好。我做设计也是这样，只做我自己喜欢的设计。所以这些设计都是从心出发的，也表达了我个人对美学、对生活的一种理解。就这样看来，我是很幸运的。一个设计师如果要做他不喜欢或是不认同的设计，其实是很痛苦的。

但这个归根结底仍旧是“鸡和鸡蛋”的问题。往往，你越坚持，客户就越欣赏你；你越不坚持，客户就越不会正视你的专业能力。还是可以用厨师的例子来解释，比如说，我是一个粤菜厨师，那客人就不能走进我的厨房，然后跟我说要吃麻辣的。这时候，厨师如果只会说：“好的，好的，没问题”，那就真的糟糕了，到最后他失去了自己的定位，广东菜煮不好，麻辣菜也煮不好，没有一样能做到最好。所以，我就坚持只煮粤菜，麻辣菜我不会，对不起。客人要吃麻辣菜，我会告诉他旁边有家不错的。这个道理很简单。所以，这么多年来，我就是这样的。

但是我要重复，我所坚持的现代简约风格，并不是单一、没有变化的。再说回粤菜，馄饨面是粤菜，燕鲍翅也是粤菜。在粤菜里，有很简单的菜，也会有很隆重的菜；有便宜的菜，自然也会有昂贵的菜。设计也是一样，虽然我是一个简约风格的设计师，但我既可以做一些很轻松、平易近人的设计，也可以做一些很隆重的设计。但是，在我做的隆重的设计里面，仍旧是以简约精神为骨架的。有些人认为豪华的就不能是简约的，但我觉得我做豪华也可以是做简约的豪华。

这么多年，我在公司里的设计方面管得比较多，而我公司同事对我的理解也比较深，所以我们公司在设计风格上，相对来说还是比较统一。这点也带给我们很大的优势。基本上，如果这个同事不欣赏我的设计，他就不会来我的公司。

ID 作为设计界的前辈，最后能不能请您给年轻一辈的设计师一些建议？

梁 这个世界不可能只有一条路，做设计也是一样。就好比你想要去练武术，不管是少林还是武当，其实都可以啊。你看李小龙，他既不是少林派，也不是武当派，但他还是很厉害。所以我觉得要做大师，不能只是武功高强，在做人方面更要有一代宗师的风范。END

普拉亚维瓦可持续精品酒店树屋套房

TREEHOUSE SUITE AT PLAYA VIVA SUSTAINABLE BOUTIQUE HOTEL

摄　　影 | Leonardo Palafox, The Cubic Studio
资料提供 | Deture Culsign, Architecture+Interiors

地　　点 | 墨西哥格雷罗州胡鲁初加Playa Icacos
建筑/室内设计 | Deture Culsign, Architecture+Interiors
设 计 师 | Kimshasa Baldwin
业　　主 | David Leventhal
管理公司 | Playa Viva S de RL de CV
面　　积 | 65m²
竣工时间 | 2015年10月

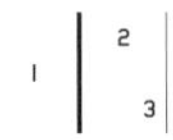

1 从休息室看树屋高处栖息处

2 树屋室外夜景

3 树屋窗户细节

该项目位于一个 81 万 m² 的绿色生态度假村内，该度假村内共有 12 间客房。漫步于度假村内 1600m 长的海滩，吸引你眼球的是一个椭圆形的被竹子包围的平台，摇曳于棕榈树树冠之下及灌木丛之上。这个高处的栖息处是一间 65m² 的双层树屋的海滨卧室。

当接近这个项目的时候，虽然很难区分其室内和室外，但这里有一个包含休息区和浴室的低层别墅，以及一个提供睡眠区域的高层休息处。别墅中穿插的棕榈树、黏土瓦屋顶及外露的木横梁为休息室及浴室提供了一个有质感的顶棚。在该休息室及浴室，当地出产的木材作为台面板，雕刻的石头作为船型水池，手砌鹅卵石砌成了带图形的浴室地板。竹子屏风提供了隐私性，而屋顶故意被做成镂空，在淋浴的同时可以欣赏室外环境，白天可看到棕榈树而晚上则可欣赏星空。使用太阳能加热的热水，可以循环利用。这里也全由太阳能提供用电，同时拥有包罗万象的瑜伽课程，让热情洋溢的生态旅行者和好奇的探险者都能在此找到自身与环境的和谐平衡。

高处栖息处移除了所有不必要的元素，以提供一个原汁原味的浸入式隐居环境。一个超大的弧形木门恰到好处地跨越到竹子覆盖的栖息处。极少的当地制造的陈设提供了一览无余的前后方视野，而散布的天窗使得客人能不断地得以一窥自然，并具有降温功能。室内和室外的竹笋是该高处栖息处向外伸展的枝丫。就地取材的木材构成其地板边缘、顶棚及墙壁，它们都是在大自然中发掘的元素，并进行随机组合。为了让客户摆脱特有的禁锢，设计师使用了一个拥有开阔俯瞰视野的双人地板吊床，给客人带来真正的悬挂感。

因为加快了建造速度，从初次的设计会议到接待树屋的第一位客人，仅仅花了 6 个月的时间。END

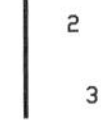

1 树屋浴室

2 通透并融于自然的居所

3 树屋高处栖息处

| 1 | 4 |
| 2 3 | |

1 树屋高处栖息处入口

2.4 室外风光

3 树屋休息室

纽约艾迪逊酒店
EDITION HOTEL NEW YORK

译　　文 | 小树梨
资料提供 | Edition Hotel New York

地　　点 | 美国纽约
艺术指导 | Ian Schrager
设　　计 | Rockwell Group/I.S.C Design Studio
内部灯光设计 | Isometrix
外部灯光设计 | Fisher Marantz Stone
开业时间 | 2015年

1.2 造型动感的螺旋楼梯

3 塔楼外观

这世界从不是一成不变的，人在变，纽约在变，对于奢华的定义亦不断在改变。此次，精品酒店之父 Ian Schrager 与万豪国际集团借纽约艾迪逊酒店之机，向人们展现了现代奢华的新定义。在当下，多数豪华酒店的设计仍十分保守，往往走的都是怀旧经典的路线。但 Ian Schrager 对此却不以为意，在他看来，守旧的设计确实不会出错，但“从不出错”的设计更是一种“谬误”，设计师必须对豪华酒店做出更具时代性的思考。新一代的消费者成长于科技先进和各色社交媒体发达的时代，对于那种千篇一律“标准化”的豪华酒店早已感到厌倦。而纽约艾迪逊酒店正满足了他们的需求，它代表的是一种新的风尚：简约、精致、睿智，且充满乐趣。

酒店位于纽约地标性建筑 Clocktower 大楼内，这栋楼初建于 1909 年，是当时的世界最高楼，具有十分华美的意大利文艺复兴式的建筑外观。在这样一栋充满历史气息的老楼内打造一家现代简约风格的酒店，既是极困难的挑战，更是不可多得的机遇！

步入酒店大堂，即可见几扇气势宏大的落地窗，站在窗前，可将麦迪逊广场花园尽收眼底。大堂空间开阔，但同时也注重住客的私密性需求。以燕麦色、银色与白色为主基调的配色，简洁而不失柔和；随处可见的织物与皮革的点缀，更让人倍感温暖，不经意间便卸下一身旅途疲惫，沉醉在酒店雅致且温情脉脉的气氛之中。大堂内独具雕塑感的楼梯更是吸引眼球，充满现代气息的金属材料包覆着内部白色的橡木饰面，给人们带来强烈的视觉冲击。再往里走，即可通过一条设计精巧的通道，连接着大堂与大堂吧。大堂吧色调柔和温暖，仰视可见密肋式顶棚，配合着下方黑胡桃木的吧台，以期展现当代语境下的意式风情。

对于一家酒店而言，客房的设计自是重中之重。纽约艾迪逊酒店共有 273 间客房及套间，每层内都设有一休息厅，以深色橡木为饰，更显休闲舒适。设计师特意扩大了客房内的窗洞尺寸，由此，住客不仅可近距离欣赏到麦迪逊广场与帝国大厦，更可将纽约城中高楼林立的天际线美景一览无遗！客房内配备了不少高级定制家具，从加长款白色橡木长桌、黄铜落地灯、黑胡桃木床、白色沙发到精美的丝质靠垫、手工编成的丝毛混织毯子，再到浴室里精细打磨过的复合石材台盆及化妆镜，不浮夸不造作，只在每一个细节处向人们展示着内敛而雅致的尊贵气息。

较之大堂与客房，餐厅的配色更显活泼生动。象牙色的石膏板顶棚下，摆放着玫瑰色、绿色与蓝色的丝绒质地餐椅及沙发，使人产生一种微妙的昔年今日交错之感。而餐厅地板与墙板的做工亦十分考究。橡木制的地板经处理后，呈现出黑檀之色，而墙面则选用纹理优美的桃花心木做饰面，两者结合，为色调明朗的餐厅带来一丝沉稳之气。墙上还装点有多幅黑白照片，照片内容丰富生动，从纽约街头景象到美国明星艺术家、音乐家，林林总总，各色皆有。每一幅照片都被镶嵌在法式巴洛克风金叶纹饰的相框内，可说是华美之极！END

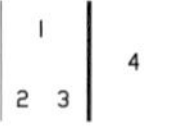

1-4 餐饮与休息区

1-4 客房

曼哈顿 11Howard 精品酒店

MANHATTAN 11 HOWARD HOTEL

撰　　文 | 郑紫嫣
资料提供 | 11Howard酒店

地　　点 | 美国纽约曼哈顿SOHO区Howard和Lafayette大街交叉口
室内设计 | Space Copenhagen工作室（Signe BindslevHenriksen和Peter Bundgaard Rützou）
创意总监 | Anda Andrei
开业时间 | 2016年4月1日

1 客房
2 外立面彩绘
3 阅读区
4 细节

曼哈顿11Howard精品酒店，是时下丹麦炙手可热的Space Copenhagen工作室在美国的第一个设计项目，同时也是改造项目。酒店的前身为一所邮局，坐落于纽约SOHO区霍华德(Howard)大街，设计师Peter Bundgaard Rützou与Signe Bindslev Henrikse长期生活及工作于丹麦哥本哈根的经历，为其赋予了简洁实用的北欧风情，并结合纽约大都会的特质，展现出多元的设计手法。

公共区域作为酒店的门面空间，拥有丰富的艺术特质和个性化的表现形式。门口的复古雨棚引人进入酒店室内区域，中庭空间处为一座内敛低沉的黑色钢质旋转楼梯，通过彩色的灯光与顶部艺术品的衬托，制造了新旧元素的对比，极具视觉吸引力。酒吧空间沉稳幽暗，深色木材与金色金属构件的使用，烘托出神秘的氛围。走廊的旁边是开敞的图书休息室，由哥本哈根的制造商提供北欧原产的木地板与地毯。

客房是酒店的主体空间，总共221间，均选择了简约素雅的北欧风格，与公共区域的浓墨重彩形成强烈反差。室内以石材、木材与皮革等天然材料作为基本元素。浴室部分运用白色瓷砖、大理石台面与黄铜装饰。整体色彩选用柔和、干净的搭配，营造出干净轻松的氛围，带来温馨舒适的居住体验。

Space Copenhagen为家具设计出身，这次11Howard酒店的家具皆由他们亲自设计，并多为手工制作而成，一部分家具修改自他们曾为丹麦品牌&tradition所做的Fly系列。石膏材质的墙壁挂饰由艺术家 Katie Yang特别创作，富有文化与艺术气息。

酒店南部外立面是一幅46m高的壁画，艺术专业的学生与公共艺术机构受邀为其进行创作，艺术家Jeff Koons作为指导。壁画涵盖艺术、音乐、时尚、文化等各类元素，充满强烈的视觉冲击力，与酒店简洁的内在形成强烈的对比，从街道和城市尺度上，营造出一处富有特色的艺术景观。

室内与室外、客房与公共空间，设计风格充满变化却相互糅和。居住功能、公共区域、城市街道等多个层面的活动，通过设计的演绎和风格的赋予，实现完美的切换，这是在11Howard精品酒店设计中最巧妙的用心所在。END

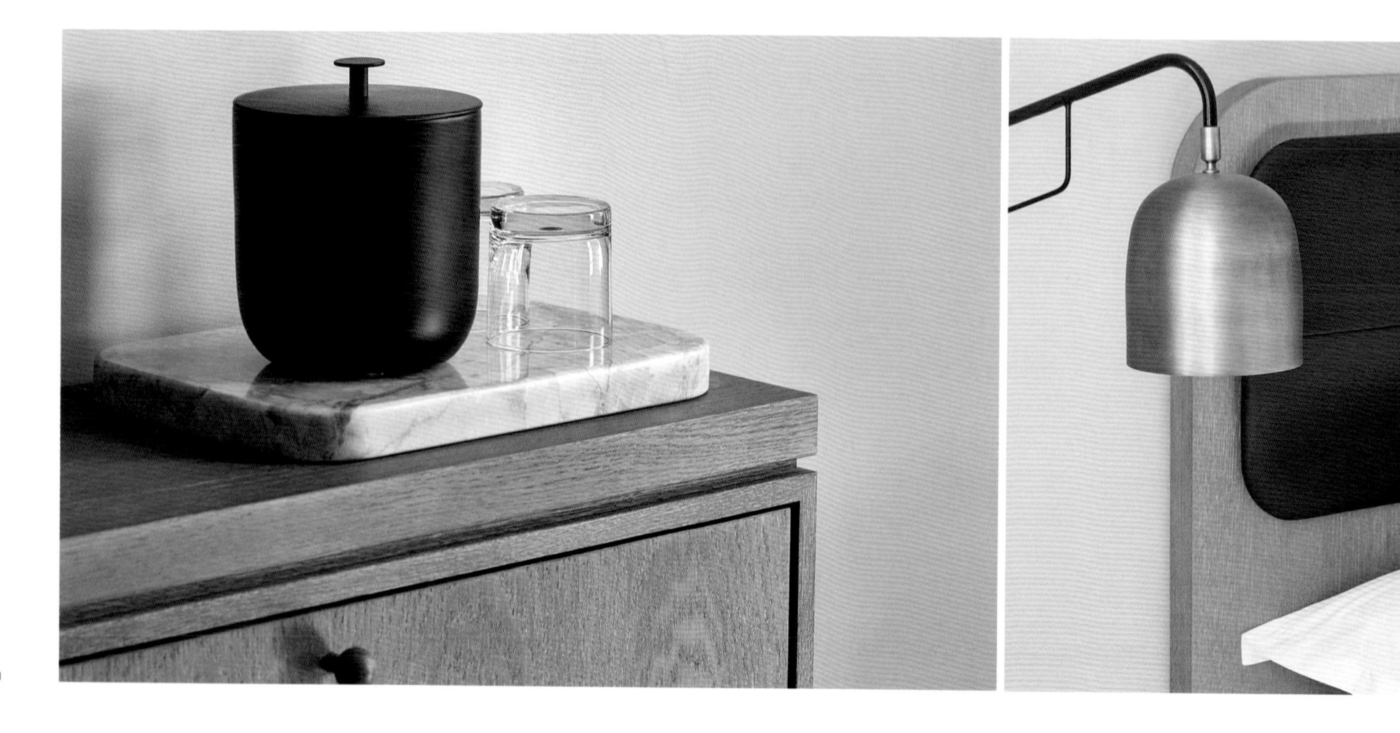

1 办公区
2.3 客房陈设
4.5 公共区

庐山品尚4S酒店
LUSHAN PINSHANG 4S HOTEL

资料提供 | HYID上海泓叶室内设计咨询有限公司

地　点	江西庐山风景区
设计公司	HYID上海泓叶室内设计咨询有限公司
设计主创	叶铮
参与人员	翁雯君、陈颖、朱文韬
建筑面积	8 500m²
客房数量	160间
主要用材	木质、铁艺、特殊涂料、PVC、玻璃、陶瓷
竣工时间	2016年4月

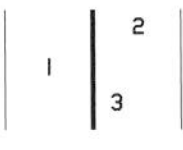

1.2 餐饮自助区

3 大堂接待区

五月，是庐山风景区一年中最舒适的旅游时节。位于山峦顶上的品尚酒店，亦终于结束了近一年来对开张的期待。

庐山品尚4S酒店的前身为庐山云风宾馆，其地位可由宾馆门口的公交车站名“云风站”中窥见一斑。品尚设计是一项老酒店整体改建工程，在充分满足新酒店管理运营及各项功能要求的基础上，努力营造山区旅游型特色酒店是其主要课题，并在设计上追求自然风味、温馨质朴、时尚品格等特质为一体的空间体验。针对特殊的山区环境，设计在酒店大堂中央安排了体型硕大的现代火炉和大面积公共区域的地热装置，同时在设计用材上体现出轻松原味的氛围，大量采用旧木格栅、柴火堆、老式钨丝灯、暗色铁艺、蜡烛陈设、木柴构成的艺术画面、粗糙的墙面肌理等手法，旨在进一步烘托山区酒店的自然气息。

平行线的介入，平添了空间设计的现代节奏。无论是彩色条状的PVC编织地毯、严谨等距的格栅线排列，抑或墙面上垂直平行的非距等凹嵌，以及总台、吧台、自助餐台的木饰板拼缝线，都成为本案空间界面的视觉语言。

设计伊始对平面布置亦颇为讲究，由于先天建筑的布局制约，在组织不同方向的人流群时，最大化地使功能分区与各人流群合理分配，进而充分考虑住客游山晚归后，在酒店公共区域的一些休闲活动，力求在有限的空间条件下，满足人们消磨闲暇时光的潜在需求。

自古庐山以风云闻名，而继云风宾馆后的品尚酒店，又为当下吹来一阵清新的庐山风。END

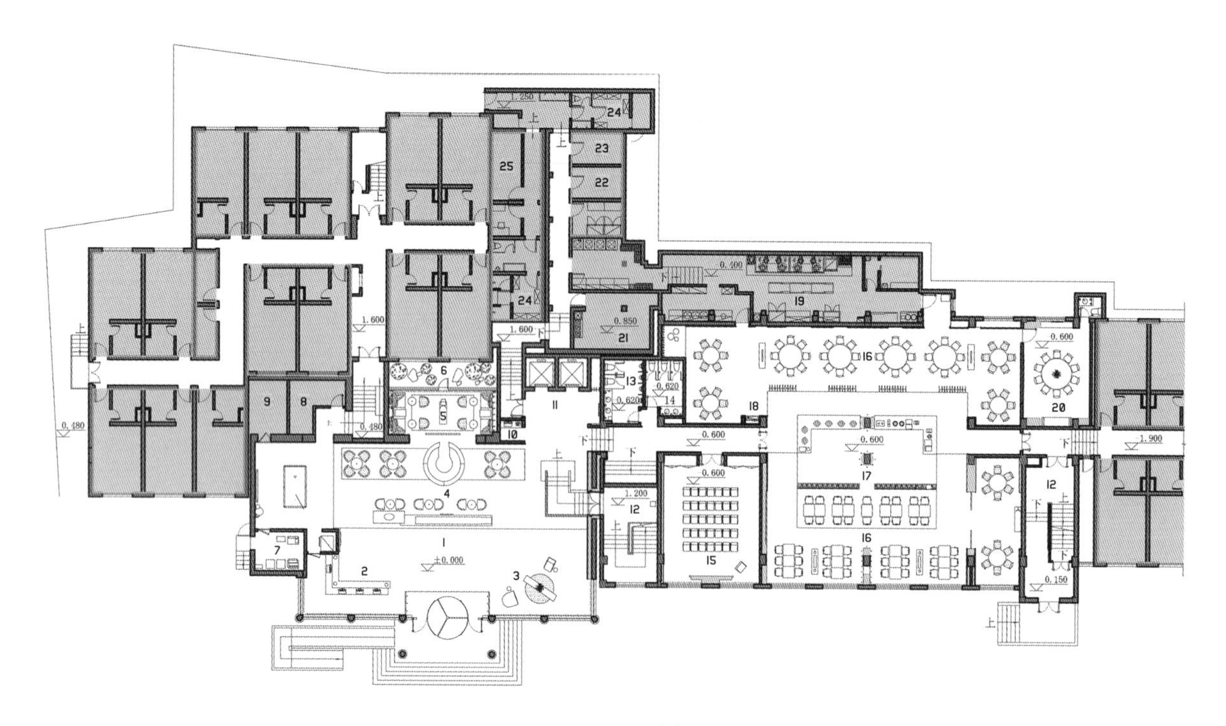

1 大堂
2 总服务台
3 大堂休息区
4 咖啡吧
5 书吧
6 花园
7 消控
8 行李
9 经理、营业
10 电话、上网
11 电梯厅
12 楼梯间
13 男卫
14 女卫
15 会议室
16 茶餐厅
17 自助餐区
18 收银
19 厨房
20 包房
21 员工餐厅
22 食品仓库
23 周转仓库
24 更衣
25 财务

1	4
2 3	5 6 7

1 首层平面

2 茶餐厅

3 餐饮散座区

4-7 大堂咖啡吧

竹里馆
BAMBOO HOUSE

撰　　文 | 八路

地　　点 | 南京市江东中路
设计公司 | 名谷设计
设 计 师 | 潘冉
主要材料 | 竹、泥灰、木板
面　　积 | 900m²
竣工日期 | 2016年7月

1 三层电梯厅
2 通透敞亮的室内空间
3 外立面

“寒夜客来茶当酒，竹炉汤沸火初红。”这是宋代诗人杜耒描写在寒冷的夜里，主人点炉煮茶、以茶当酒待客的诗句。清香茶暖，品茗交谈中其情浓浓，此中儒雅正是宋人传递出的悠悠风韵和令后世神往的高雅生活。当代浮世尽欢，亦有静心品味当下无边落寞者，竹里馆为此而立。

一栋三层临街小楼，以魏晋消散之气为道，喻意君子的白竹为器，尝试一种搭建。搭建似乎更像游离在严肃建筑学之外的民间土木，而搭建带来的空间体验正是将“散”放置在被重新梳理的空间秩序中，这种秩序里最重要的因素——“光”亦是被搭建所带来的“散”重新分解，而获得光线与空间的双重情感，“散”可以告诉你如何塑造弹性的光线！如果说“搭建”是一种放松的尝试，那么梳理则是完整的理性分析。

外立面的竖向线条延伸至主入口门厅，形成侧向分流，进入一层茶歇区，将竹用单一纬度的围合方式形成半空间限定区间，茶座布置在竹篱一侧，形成二方连续式的空间关系，并由此聚合成一层的功能核心——“篱园”。此时，围绕着“篱园”的顶面，竹篱正发生着纬度关系的转变，并引导性地将吧台、出品、服务动线等功能串连起来，与之前的功能核心形成咬合关系，最终指向通向上层的垂直电梯。

通往二层的交通增加了北边的步行体验式楼梯，氧化钢板制作的梯段，尝试在有温度的交互中保持部分冷静，从而在进入另一个场域前，以一种旁白的姿态重新整理出独立的情绪。二层茶歇区临窗布置，呈现出较为稳定的状态，入座者更易感受到光线透过窗棂散落桌面的诗话景象。向南的尽头由横竖交织的排竹分割出茶座与电梯厅，并由向东延伸的排竹将用作洗手功能的饮马槽托举而上，颇有“四两拨千斤”式的巧力应和感，水源从顶面透过竹管顺流而下，饮马槽的沉重之势被瞬间削减。二层包间区的入口被收纳在一个相对有压迫感体量内，“压迫”是为了更好地“释放”。在没有自然采光的现场条件下，取西边分割包间与公区的墙面凿壁借光，自然光线在通过茶歇区间后传递到包间内，虽没有斑驳感人的光线落入，却也不失温和透亮，白天被过滤后的光线在相对黑暗的空间内像一张开启光明的网。包间区过道内的墙面除了混合草茎的暖白腻子，亦有七百年历史的城墙砖陈设其中，行走其中仿佛时间的穿梭体验。包间内壁留白，取拙朴之姿态，给文人墨客留下足够的臆想与挥毫界面。

三楼全部设置为独立茶舍，依场地东西而立，交通中置，似林中小径，在南北进深三分有二处微微转折，借扭转之态，一个看似溪边草庐的建筑体离地而起，屋檐下探，竹窗由内而外撑起，似乎不论置身内外都有一探窗外究竟的愿望。在狭长的过道中，获得了“静谧中探寻”的行走体验，并有效地将自然光线引入到一个并没有直接对外采光的封闭空间。曾几何时，回忆起某个很久以前的淳朴年代，门扇没有门套，没有踢脚，却在门扇上方有个邻里孩童打闹时，拴起房门依旧可以翻门而入，被唤作“亮子”的采光神器，可以解决在隔离中交换光线的问题，于是乎，存在于黑暗过道背光面的上部，并由竹篱叠加其中而形成的双层采光界面，充当了瞬时解放黑暗的勇士。而顶面转折处被雕塑化处理的局部搭建，正是在空间获得光的解放后所表现出的肆意姿态，有效地软化了相对硬朗的空间对接。包间依旧拙朴、留白。

入座，想起竹林七贤，想起耕读中的陶渊明，也许琴声起时，才是丰满。END

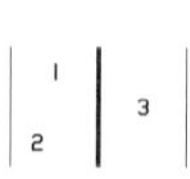

1 二层包间

2 吧台

3 三层过道局部

1 三层包间局部

2.3 二层茶歇区局部

4 三层竹里包间

甘庐餐厅
GANLU RESTAURANT

撰　　文 | Arz
摄　　影 | 易鸣、陈乙

地　　点 | 杭州翁家山
室内设计 | 内建筑设计事务所
室内面积 | 740m²

1 透亮典雅的楼梯空间
2 从山林望甘庐
3 雅座

沿着杭州翁家山的环山公路而上，在山顶林间隐约可见一处典雅质朴的房子，似有日式建筑的风情，又兼具中国传统建筑的韵味，这便是甘庐。她正落座在这样一个地方——自然、静谧、远离城市的喧嚣。

甘庐餐厅坐拥四季美景，餐厅的设计以此出发，尽可能弱化室内外的关系。设计师运用了大面积的落地玻璃，将环绕建筑周围的四时野趣引入室内，让光线、树影与鸟语花香在空间内自由地流淌。室内运用极简的线条，弱化空间设计感，利用直线的延展将视觉焦点引向户外，成为低调的景观背景。餐厅和包间采用了低沉的配色，用柔和的灯光烘托整体氛围，尽可能减小对室外风景的视觉干扰。留白的手法在多处运用，营造简单朴素之美，同时注重细节处理，使甘庐成为一处舒适安逸的就餐所在。茶也是甘庐经营展示的重点，设计师设计了整面墙的展示柜，作为茶类产品的展示区，也成为视觉的聚焦所在。柜前的长桌古色古香，精心搭配有造型别致的花器，使顾客在舒适雅致的氛围中品鉴茶香。

甘庐主推精致日式创意料理，正与餐厅的整体风格相呼应。没有传统食肆的喧闹，顾客在这里体验最舒适的就餐环境，同时可静静观赏窗外的美景。秋季到来，山间红枫妖娆，层林尽染，不禁让人产生仿佛置身于京都的错觉。当冬日下雪时，甘庐窗外又成为粉妆玉砌的世界，在温暖的室内，捧一杯热茶，看袅袅热气腾起，茶香四溢，暖色的灯光渐渐将身心都照得温柔起来。夜幕落下时，室外的景色被弱化，室内成为视觉的焦点，大面落地玻璃毫无保留地将室内的精致之美展现在月色下。在甘庐，你仿佛能与自然产生了身心的感应，时间变得缓慢，取一本书，饮一杯茶，可以打发一整天的时间，仿佛是心灵的疗愈。无论是谁，坐立于此，都要不禁感慨：只缘身在此山中。END

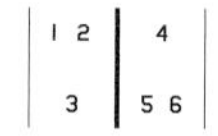

1 雅座

2.3 茶叶展示柜

4 落地窗边的用餐区，风景优美

5 楼梯处将空间收紧，形成有放有收的体验

6 品朴低调的室内设计

喜鼎·饺子中式餐厅

XI DING - DUMPLING RESTAURANT

撰　　文　毛博
摄　　影　刘子民
资料提供　RIGI睿集设计

地　　点　辽宁大连
设计公司　RIGI睿集设计
主创设计师　刘恺、刘子民
主要材料　藤编、GRC倒模、马来漆、大理石、铁板、金属雕刻、高密板雕刻、喷砂造型
面　　积　200m²
设计时间　2015年5月
竣工时间　2015年8月

本案是国内连锁水饺品牌旗下的高端餐饮品牌——喜鼎饺子的全国首家旗舰店。RIGI 睿集设计承接业主委托，尝试打破现有连锁品牌固有的快餐化大众品牌印记，试图创造与众不同的体验式餐饮休闲空间。

店铺整体门头宽敞，为设计师提供了较为理想的设计环境。在门头设计上，RIGI 采用大面积水泥质感的灰色浮雕墙面做法，且墙面的浮雕花纹是根据藤编图案 1:1 开模制作而成。饺子可以说是一种古老传统的食物，而浮雕藤编图案恰巧具有一种化石感，从而加深了时间的印记，并与饺子产生了一种隐含的呼应。

在入口处，RIGI 设置金属雕刻的传统几何图案格栅，与开放式厨房明档和白色大理石台面相呼应，体现其新鲜、手作与朴素的品牌精髓。内部空间风格则与门头简洁大气的风格一脉相承，整体的观感十分通透。中央为卡座区域，RIGI 使用传统几何纹样的顶棚格栅镂空造型，在空间上进行了视觉化的分区，配合错落有致的吊灯与圆弧倒角的吊顶，旨在增添空间的趣味性与可读性。传统书法字体的“喜鼎”LOGO 与饺子和餐具的立体墙面装饰，均为设计师之匠心独具，加上藤编材质的柜体贴面与手作藤编筐的布置，更增添了一种朴实的风味。

餐厅的风格布局以舒适为导向，目标定位在以小型聚会为诉求的消费者。餐厅灯具设计也以点光重点照明为主，整体风格雅致、简约而清幽私密，为消费者打造了一个错落有致、层次鲜明的体验空间。同时，设计师还设置了风格鲜明的海洋元素的客座区域，为该店铺的主打产品——海鲜水饺提供了遥相呼应的点睛之笔。

RIGI 通过传统古朴的藤编元素的运用，精心的材料搭配和现代化的工艺，打造了一个细腻、精致而质朴的空间，而这也是对“喜鼎”东方传统精神的现代化诠释。项目不仅是该品牌终端风格的新尝试，也是其品牌终端形象的一次大胆的探索和突破，种种体验变得平易近人却与众不同。END

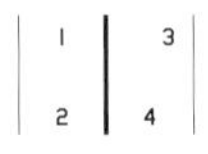

1 入口
2 餐具布置
3 平面图
4 就餐区

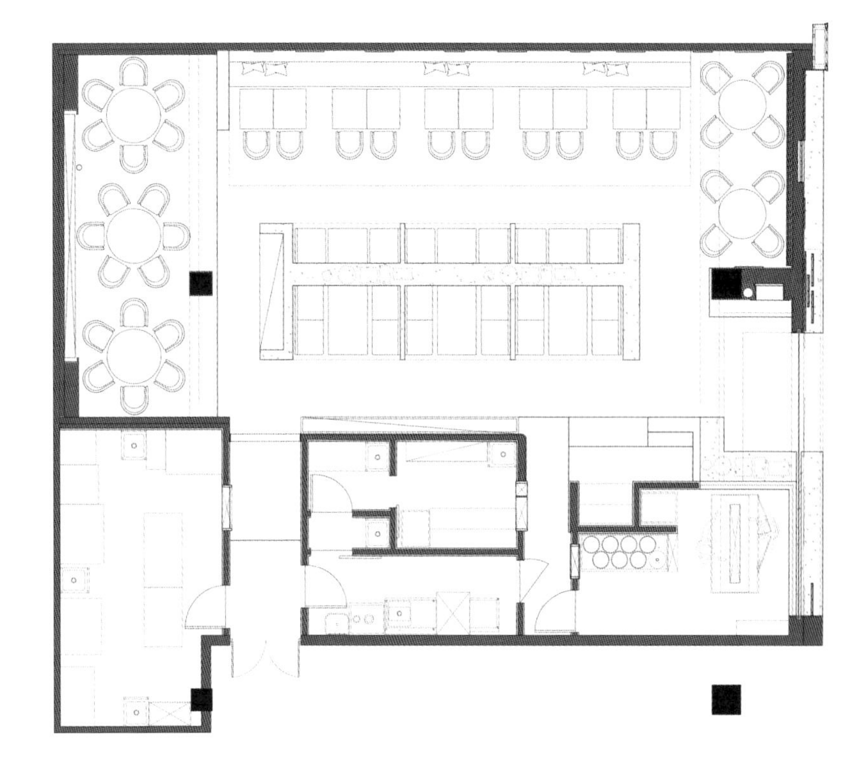

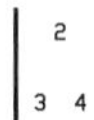

1 生动的墙面浮雕

2 “喜鼎”Logo 与手作藤编筐，匠心独具

3 藤编材质的柜体贴面细节

4 调料展示柜

Ciao Chow 意式餐厅

CIAO CHOW ITALIAN RESTAURANT

摄　　影 | Ella Lai
资料提供 | Kokaistudios

地　　点 | 香港中环加州大厦
室内设计 | Kokaistudios建筑事务所
设 计 师 | Andrea Destefanis、Filippo Gabbiani
设计经理 | Kasia Gorecka
设计团队 | 刘永泰、付炼中
灯光设计 | Kokaistudios建筑事务所
面　　积 | $350m^2$
设计时间 | 2015年4月
竣工时间 | 2015年12月

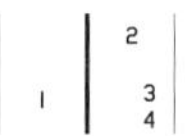

1 餐饮区
2 开敞餐饮区
3 备餐区
4 材质细节

Kokaistudios 最近完成了 Ciao Chow 意式餐厅的室内设计，餐厅位于兰桂坊加州大厦，很快成为了香港热门的餐饮目的地。Kokaistudios 持续在亚洲以定制式的室内设计传播自身的设计理念。该项目是其在香港的最新项目。

香港领先的餐饮集团 Bite 在兰桂坊集团的推荐下找到了 Kokaistudios，希望 Kokaistudios 利用自身的意大利背景和丰富的餐饮项目设计经验来设计这一餐厅。设计方案中设置了两个大型铜砖披萨烤箱，使 Ciao Chow 成为香港唯一一个获得 "Verace Pizza Napoletana" 认证的餐厅，而工业风格的铜金属质感照明系统则延伸于整个餐厅，并在入口处设有大型吊灯以起画龙点睛之用。

餐厅内一方面使用了质朴的工业风金属材料和由地面延伸至墙面的水磨石；另一方面将高档的白色大理石运用于厨师工作台，且就餐区特意选择了皮质柔软的座椅，二者形成了材质上的对比。宴会风格的座椅摆放方式加强了食物分享的氛围，是意式餐饮与香港餐饮文化融合的表现。

吧台区靠近入口，设有 24 个生啤龙头，同时也提供由调酒大师 Douglas Williams 设计的意大利鸡尾酒饮品。入口处的拉门向人群川流的街道敞开，展现出欢迎的姿态。眼下，Ciao Chow 已经迅速成为香港最受欢迎的餐厅之一，而这亦是 Kokaistudios 又一定制化服务的典范。END

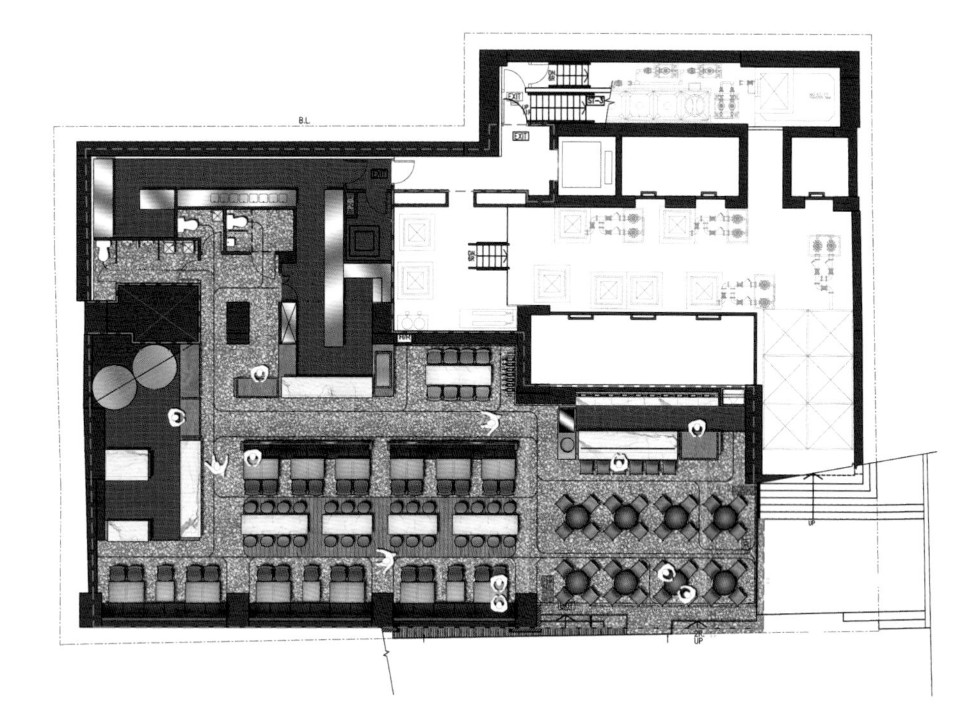

1 | 2
  | 3

1.3 餐饮区

2 一层平面

123+ 早教中心

123+EDUCATION TRAINING CENTER

地　　点	上海合宝路40号
设计公司	Wutopia Lab
主创设计	闵而尼
设计团队	俞挺、丁金强
装修施工公司	霖装饰
业　　主	上海效晨教育科技有限公司
建筑面积	467m²
设计时间	2016年5月~2016年6月
施工时间	2016年7月~2016年9月

1 孩子在洞口内玩耍

2 明亮、温馨的室内空间

3 冷漠、坚硬、单调的商业立面后，是温柔、柔软和丰富的童心

设计师是一位妈妈，而这位妈妈不满意很多上海早教中心的设计，终于有机会可以自己设计一个了。

之前在为女儿寻找合适的早教中心的过程中，设计师惊讶地发现，很多上海的早教中心居然不太考虑设计。设计师的直觉告诉自己，早教中心的环境不应该这么凑合。

在她的设计中，地下室的功能是办公和家长培训，二楼是教室，一楼是家长和孩子都可以使用的公共空间，被顶棚和地坪形成的芬兰白松木连续面所包裹，这个被包裹和保护的世界里的中心是小木屋，至于它能做什么都基于孩子们自行定义开发。这个连续面在立面上和建筑外侧立面形成一个过渡空间，里面是孩子们的新世界，外面则是旧世界和孩子们世界的过渡，家长在这里换鞋、等候，或者进入地下室，更多是带有期盼的观望，还有羡慕。在被包裹的世界里，有个拱门引导孩子们拾阶而上，有飞鸟掠过，有树屋、鲜花和明灯，之后是教室，它其实更像是一个新世界的小角落，让孩子们去探索知识。

当这家早教中心找到设计师的时候，她决定为孩子们设计一个真正属于他们的空间，而非是当下很多成人以为孩子喜欢的具象的装饰世界。不许变动建筑立面的限制反而触动设计师去创造一个孩子们乐于探索和停留的新世界，如果这个世界不够美好，就让我们创造一个新的吧！在冷漠、坚硬、单调的商业立面后面隐藏着一个温暖、柔软、丰富的幼儿早教中心，正是戏剧化一面的反映。

这就是一个妈妈精心打造的世界，“如果不去遍历世界，我们就不知道什么是我们精神和情感的寄托。但我们一旦遍历了世界，却发现我们再也无法回到那美好的地方去了。当我们开始寻求，就已经失去，而我们不开始寻求，就根本无法知道自己身边的一切是如此可贵。”这个早教中心就是孩子们的人生开始。

设计师自述道：“所有的大人都是小孩，虽然只有少数人记得。我是一个六岁女孩的妈妈，有时发现不是我在教育孩子，而是孩子帮助我认识了这个世界，让我记得我曾经是小孩。孩子相信世界还有“完美”存在，梦想许多事从不可能变成可能。所以最普通的日常物件，他们也可以自行定义、组合，乐此不疲地玩上好久。END

1 2	4
3	5

1 交通空间

2.3.5 孩子在室内学习、玩耍

4 明亮舒适的室内空间

1 2 3

1-3 孩子们在室内玩耍

1 2 3 | 5
4

1 利用透明与半透明玻璃组合而成的门洞

2 房屋形状的几何图形分布各个角落

3 交通空间

东原旭辉江山樾邻里中心
JIANGSHANYUE NEIGHBOURHOOD CENTER

撰　　文 | Arz
摄　　影 | 感光映画
资料提供 | 重庆尚壹扬设计

地　　点 | 重庆大竹林
设计公司 | 重庆尚壹扬设计
主创设计 | 谢柯、支鸿鑫、许开庆、汤洲、张登峰、李倩
陈设设计 | 谭税、徐斌、郑亚佳、樊佳
主要材料 | 橡木实木、水泥、水磨石、黑钢、实木复合地板
面　　积 | 约2 000m²

1.2 接待区

3 榆木的运用贯通地面与墙柱

江山樾邻里中心前期为地产售楼处，不仅是开发商提供商业服务的场所，更是一处具有极高人文品质的空间——江山樾图书馆。建筑原有的商业空间形态，如何包容具有亲和力的文化空间，如何消弭来者对原有商业空间的心理印象，而走进他们的内心，塑造一处诗意的休闲阅读场所，成为了设计的挑战。设计师力图将空间打造成一间有温度的图书馆，带给客户更多的参与性和对地产项目的美好期许，实现轻松愉悦的销售氛围。

江山樾邻里中心虽初始于商业销售的目的，设计师并没有采用传统售楼处的室内布置方式，而是采用了家庭会客厅的理念，巧妙地化解了买与卖双方的身份对峙，而倡导一种休闲化的体验。建筑设计之初，室内设计便已经介入，这样最大限度地满足了室内设计的空间和结构要求。建筑顺应了重庆的山地地貌特征，利用退台式处理，使空间充满变化，起伏有趣。漫步书香中，宁静隽永的诗意在身边展开，不论是图书馆，还是售楼处，它都是一处走出家门，就可以惬意抵达的所在，它是邻里的一个安静角落，在如今浮躁不堪的社会语境中，犹如清风拂面，温存而惬意。

榆木，成为构筑空间的主体材料。橡木大量的运用和建构手法的处理，让空间具有温润的质感。实木、黑钢与水泥的对比使用，简单朴素而充满表现力。大量沙生植物被布置进通高的室内，简洁而富有力度的生长姿态，与精心搭配的灯饰相互呼应，使空间具有了生命力与趣味。简洁质朴的空间氛围为人们提供了宁静、舒缓、轻松的体验。

如今的江山樾邻里中心，是一间有温度的图书馆，它不仅充满质朴亲切的氛围，更拥有大气简约的美感。在自然、本真的设计法则下，江山樾邻里中心堪称将人文艺术情怀融入地产商业建筑的设计典范。END

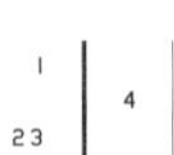

1. 内部庭院栽植沙生植物

2.3 细节

4 楼梯

| 1 | 2 |
| | 3 4 |

1 书架区

2 内部顶棚的构造

3.4 细节

1 公共区陈设

2 通高的书架

3 细节

4 大面落地玻璃营造通透感

歌德学院北京德国文化中心

BEIJING GORTHE-INSTITUT GERMAN CULTURAL CENTRE

摄　　影 | Wang Zhenfei
资料提供 | AS&P建筑师事务所

地　　点 | 北京市朝阳区酒仙桥路2号798艺术区创意广场
业　　主 | 德国歌德学院
建筑、室内、家具 | 德国AS&P建筑师事务所
总设计师 | Johannes Dell
主设计师 | Ralf Dietl
设计团队 | Nils Mueller、林肇法、Juliana Vargolomova、Martin Teigeler、Juliane Wittmann、杨颖、杨莉、张岳
灯光设计 | CBS灯光设计
建筑面积 | 1 000m^2
竣工时间 | 2015年10月

1 接待休息区
2 外部造型

歌德学院北京德国文化中心于2015年10月在北京著名的文化艺术地标798艺术区开幕。歌德学院的这个新建空间致力于文化交流、多媒体展示和创意产业的发展。

在这片自1995年创立起便欣欣向荣、持续成长的艺术交流片区中，歌德学院（中国）选择了一座带有典型德国包豪斯风格的工业遗产建筑——一座老厂房建筑作为办公地，鲜明而直接地展现了未来歌德学院（中国）将在艺术交流、文化拓展领域所承担的责任。

德国AS&P建筑师事务所受邀成为此次歌德学院新建筑的总设计方。这座老厂房始建于1950年代，由中国和原民主德国的建筑师合作设计建造。AS&P对这座老建筑进行了大胆又严谨的改造，在保护、保留原有历史纪念意义元素的同时，满足实际使用上对文化交流、展演活动和行政办公机能的需求。1000m^{2}的空间设计中，AS&P秉持开放和通透的原则，不同功能区域间可以形成有机的新空间形式和历史建筑语言“对话”。

老厂房所在位置处于798的中心，人流密集，通透和开放式的办公环境有利于吸引过往人群进入老厂房一探究竟，让歌德学院的品牌、知名度和服务领域得到最大程度的展示。而老厂房作为一幢历史建筑，本身就是798地区的标志，具有极高的辨识度，与歌德学院相得益彰。

歌德学院（中国）所在的老厂房层高4.5m，独有的尖顶离地则接近9m，屋顶的大窗为室内带来了理想的采光条件，并营造出舒适、明快的气氛，非常适合各类定期文化交流活动、展览以及不定期论坛或讲座的举行。

保留历史老建筑原有韵味的同时，匹配可满足未来需求的硬件设施和安全标准，是这类建筑改造设计不变的重要课题。无论是AS&P的室内设计，还是暖通、消防、抗震等方面，需要同时严格满足中德两国相关规范，提供具有前瞻性的设计和施工品质。

室内的功能横向分布，歌德学院（中国）办公室的两侧出入口通过贯穿室内的一个流动的空间带加以连接，沿这个空间带分布了两侧出入口接待区、活动休闲餐吧区等，可提供各类活动和展览场地，同时很好地为人群提供了一个理想的逗留、休息和沟通场所，让室内各个功能区域有机相连，如视听中心与图书馆、“信息吧台”等，形成了有效、有机的互动互通。

室内各个功能分区在竖向形成3层阶梯模式，既不破坏整体性，又有效分流人群。设在北侧平台上的视听中心包含一个“灰盒子”，它可以根据需要可以衍生出多种功能，如可用于语言教学、电影播放、实验区、谈话区或者论坛演讲。开放式图书馆的阅读区域和信息吧台相连，使两者亦可分享展演区的多媒体功能，并延伸到歌德学院（中国）

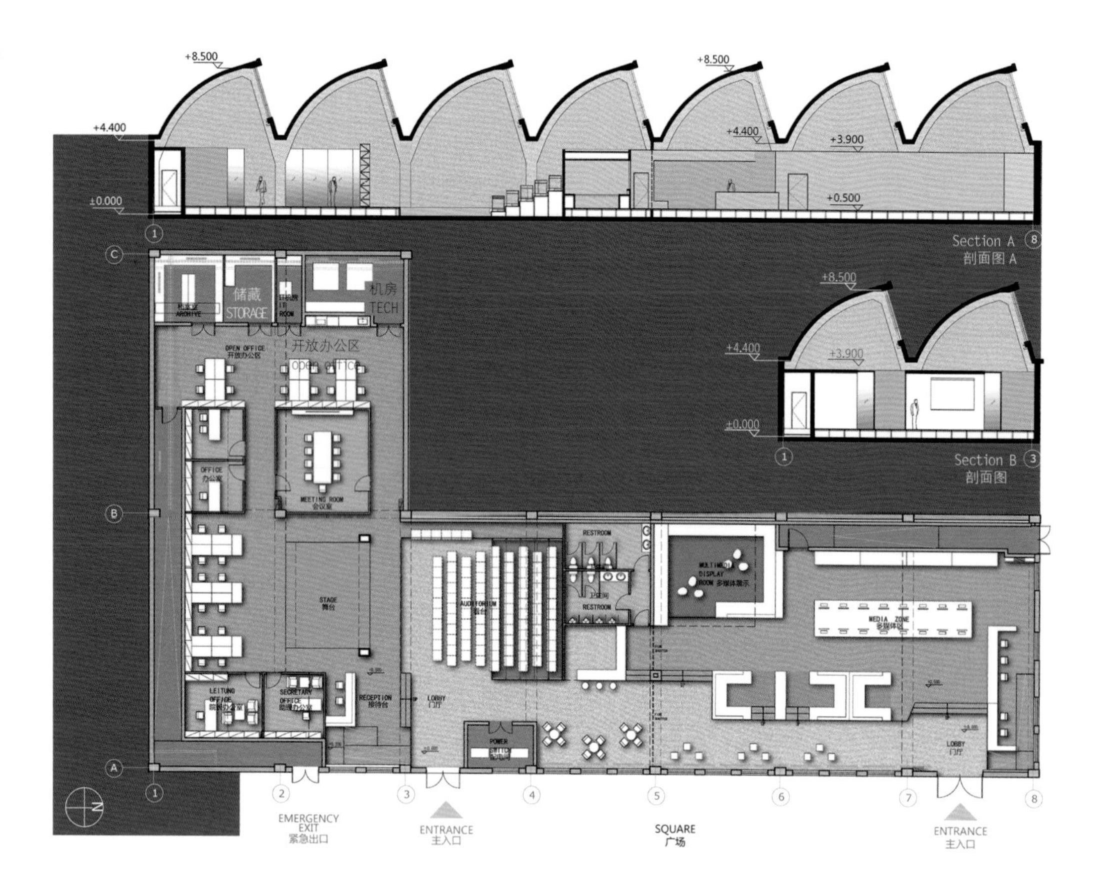

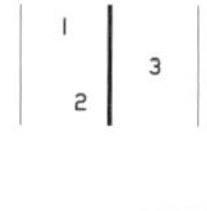

1　一层平面与剖面

2　会议室

3　办公室

办公室的北入口。

歌德学院（中国）的办公区域在这个L型的老厂房的短边南侧，这个相对独立的区域为员工创造了一个安静、专注的办公环境。整个办公区域以开放式布局为主，包含一个会议室、IT设备房以及储藏、档案等功能房间。

视听中心除了自然采光外，灯光主要来自上部，由于各个独立空间的四周都是透明玻璃，因此可以分享到来自视听中心的灯光，并且通过这些透明玻璃，在视觉上使老厂房内部工业遗产的建筑特征一览无余。

在两个主要区域之间的中央观演区不仅仅只是起到一个连接、过渡的作用，它可以根据实际需要承担论坛、讲演或重大活动集中区域等多个角色，相对于老厂房的历史沉淀，它带给来访者的是开放、互动、活跃的场所氛围。中央观演区无论从空间还是定位在设计中都被设定为整个歌德学院（中国）的中心元素，可满足展示、讨论、沙龙、剧院或音乐会等功能，充分体现艺术创作和文化交流中的开放与包容。

办公和展示区域上方将近9m的屋顶，在形象上突出了老厂房工业遗产建筑的特性，但同时也在供暖、通风、管道走线和设备更新上制造了不少的限制和障碍。中央观演区自然是舞台照明设计中的重中之重，技术上的支撑使中央观演区具备丰富多样的灯效，可营造出不同的光影气氛，满足各类演出需求。

老厂房的屋顶形状和特殊的结构，对于中央观演区是否能在地面和屋顶形成有机呼应和融合提出了非常高的要求。AS&P最终布局的中央观演区位置和形状很好地解决了这个难题，并能适应各类活动的需要。

由AS&P领导的各个相关专业设计团体，在保证工作质量的前提下，不仅仅在时间和成本上达成精确的控制，并通过对歌德学院需求和企业文化、精神、愿景的充分领会和理解，将其植入设计中，使歌德学院（中国）成为一个面向中国乃至世界的艺术和文化交流窗口。END

DER ORT.
至所。

1 | 2
  | 3

1 多媒体区
2 内部开敞空间
3 内部灯光设计

“半木”十周年：古今之间的传承与创新

资料提供 | 半木

2016年是“半木”成立十周年，半木之家为此举办了系列文化活动。本文记录了9月上海半木之家南音音乐会之后，“玩”家具的吕永中和“玩”南音的蔡雅艺之间进行的一场精彩对话。在同与不同之间，我们看到了两位艺术家共同的执着与忘我的投入，看到他们对于传承与创新的不同见解，也看到了半木十年来的心路历程。

ID =《室内设计师》
吕 = 吕永中（半木品牌创始人）
蔡 = 蔡雅艺（南音艺术家）

ID 请问一下两位怎么看待这个“玩”字?

吕 我们喜欢玩一样东西，可以说是去逃逸也好，或者平衡也好，都是希望从玩当中认识自己，认识自己的问题，认识自己还有什么可能性，又或者去期待我们的一点点抱负有没有可能实现等等。

蔡 “玩”这个字很有趣，它是一个“王”字再加上一个“元”，意思是你要玩得好，你就必须是在巅峰的那个人，必须完全掌控了这当中的东西，才能达到自己所谓玩的那个层面。但是玩不是把自己绑在当中，看起来我们刚刚在玩音乐，其实我脑子里的思维并没有在音乐里面，有时候我是在休息的，有时候我闭着眼睛，但我知道有这些东西。

ID 您的南音和我在泉州听到的时候是不太一样的，您是改良创新的，还是古时候也是这样子的? 有什么不一样?

蔡 其实他们也是非常敬业的，在做他们该做的南音传播的一些事情。如果要说我跟他们的区别，我觉得某种程度上是一样的，就是你呈现给别人的那个层面是一样的。不一样的，只能说我们比较走心，听自己内心的意见，然后做一些选择性的事情。如果我们对待的是好朋友，和对待的是游客，真的不一样，他们每天晚上都要玩南音，跟我只有特定的时间才能玩南音，有很大的不一样。

ID 那吕老师呢，您是较多地传承了古典家具还是更多的去创新?

吕 我觉得古和今时时刻刻都在我们身边，我不太想用二元论把它区分开来。关于家具我比较看中的是怎么把人从地面托起来，摆脱地心引力，用一个最好的结构。也许这个结

1 八方茶桌
2 新宋卧室
3 清风茶语沙发

构古代里面有，我就把它吸取过来，也许这个坐姿需要到某种状态，我想的是那个状态，更关注人坐上去的状态以及那个虚的部分。古和今可能是我们永远要去面临的一个问题，实际上昨天的已经变成了古，古不应成为包袱，我更愿意吸取很多东西来解决我们当下的问题。如果是气质上的，我们如何把这个气质拿过来，比如我们当下的腰没托好，而西方有些东西确实帮你解决得很好，那就把它拿过来。所以围绕解决当下的问题，不管是生理还是心理的，这是我关心的重点。

ID 两位都是有匠心的人，专注于自己热爱的领域，有没有想放弃的时候？

蔡 当有人问我你怎么坚持的，我喜欢开玩笑说，因为这个人只能做这件事情啊，有唯一性的，为什么南音的乐器只在南音里面看到？因为它只能做南音的事情。有很多人说，如果时光倒流，我一定会做其他的选择，那是不可能的。时光倒流，你还是你，你还是会做那件事情，跟命运有点关系，所有一切的决定都是符合逻辑的。

ID 请吕先生谈谈新宋风格。

吕 家具对我来说，我不愿意用“设计”两个字简单地概括它，我更愿意随着心，一点点去发展。所以从半木最早的十年前到今天，我一直在尝试怎么往前走。你可以看到十年前的一些家具更简约一点，或者是杆杆件件的家具，明代就是我们的高峰。我尝试去了北方，从江南我愿意去找更早一点的东西，更唐代的东西，或者更古一点的东西。我把它叫“宋”也好，苏州也好，徽州也好，都不代表这个就是宋，就是徽州，就是苏州，我只是觉得那个气质或者一种人的状态打动了我。比如说苏州椅，不是因为我去了苏州，调查了小桥流水什么的，然后生产了一把椅子。我的思维从来都是：那个名字是最后给的。

那么再往前面走的话，我觉得气质上平和一点、柔软一点，去掉一点那些杆件，少一点所谓的现代设计。可能我年纪也大了，有了小孩，我觉得稍微有点“人味”吧。我觉得人有一种模糊性、一种不确定性、一种多样性，也许哪一天我又回到那个地方了。如果你要求纯粹、求状态，如果不去经过厚度里面的再纯粹、再单薄，那个单薄就是单薄的。我们有不同的尝试，当然最重要的是，家具围绕生活展开。如果在一个书院里面，桌子就非常简洁，它表明的是一种干净利落的态度，方就方，圆就圆，干干净净不含糊，这是作为一个思想层面应该表达的。但是到了卧室，还这样挺着干什么呢？卧室应该是放下来的地方，所以你发现它开始圆润。卧室系列，我基本上是拿手做出来的，不是拿脑子做出来的。就是说大概有一个图，我觉得用人的身体和我的状态去做这个事情，像雕塑一样，闭着眼用手去摸这个圆角。到卧室的时候，你认识事物的方式是你的身体和触觉，而不是眼睛。所有的直线都不是直线，都是弧线。

为什么有的东西看上去轻巧、干净，有的东西厚重？因为我认为中国人做事讲究轻重。一个房子总是要有点重器给它压住，不能飘掉，而重器压住的时候，我们心踏实。不能认为它是一个真的文化，它也许是有点雅的文化，但我觉得重量也是成为设计很重要的因素。我们的家具有轻有重，有极其简约的，也可以有复杂的。我们能否让这些结合起来，当然这是我自己在摸索的一个命题。所以有些时候，那个分量，你手愿意去拍它

的时候，它就是设计本身，人和物真的是合二为一了，摸出来的设计总比画出来的设计要好一点，或者更微妙一点，这是我的思维的转变。

我们最近的很多家具，很多人觉得好像不太像你们的了。我觉得每个阶段应该出每个阶段的东西，我现在回头看原来的东西，觉得以前认为很好的东西，需要再改进一下，这是因为我经过了这段时间。所以我一直有一个打算，再等两年，把最早的东西做一点点改版。这些年这一路走过来，南方、北方的东西看过来，再回到那个点上，看能不能保持它原始的气质，但我相信一定能够增加它的厚度。有些时候太单薄的东西，或者太漂亮的东西，太容易符号化的东西，一看很好看，但它能不能跟你融在一起，这对我来说是一个命题，有些时候是不是去掉点设计，就让材料自然生成，这会不会成为一个方式？

ID 半木已经十年了，接下来一些老物件还会翻新，除此以外，还有没有新的一些设计元素会在半木的产品当中呈现？

吕 我觉得未来我还会持续做下去，不管是对老产品重新去演绎还是新产品的开发。家居生活，我希望把微妙度、厚度持续地挖掘下去。我们今年开发了系列的喝茶空间家具。我突然发现喝茶有很多种方式，至少有六到七种。目前还差一个方式，可以背在背上的一个包，我可以爬到一座最漂亮的山上去，一棵松树下面，我可以很舒服地喝下午茶，这是个移动家具。我们给阿里巴巴做了一个改造的项目，外面的茶与沙发，不像我们今天这样正襟危坐的人，他喜欢休闲，像茶席一样围坐着。我突然发现，其实可以允许有很多种方式存在，根据自己的需求。我们要有优雅的、充满自信的、有品质的生活，这是我想达到的一个方向，内心充实。家具也好，空间也好，器物也好，它是可以有能量的，或者你能够跟它融为一体，它能够提升你的状态，这就是我们设计师的语言。南音有南音的方式，这是我们的语言。传统的中式家具，其实有一个教化的功能，它有秩序，也有气质在。传统家具给我们最大的感受就是它很安静，跟儒家思想很有关系。但如果放在当下，我觉得也要有规矩，这个规矩不是不平等的尊卑的规矩，可能是更加平等的方式。所谓器以载道，是一个命题，是我们一直谈的。我现在总结我的家具方式，还是会遵循几个原则：第一个，要从人体工学的角度出发，家具要把你托好，一般来说，传统的东西坐着不舒服，因为它不是按照你的人体工学来的，是按照儒家思想来的。所以人体工学是一个当代的语言。第二个是结构力学，要支撑你，结构体系相当于造房子一样。先从这两个原点出发，然后整合在一起，是因势而生的美学，再加上可能赋予它我们的一些内容，我的逻辑是这样的。

我相信生活方式的研究，生活本身是禅机，从工匠那儿学到对材料、结构的道理，再从社会当中提出我们要解决的问题。我不是很在乎别人说我这个东西像什么，好与不好，我比较在乎它坐上去舒不舒服，关心的是他买了以后，有没有改变他。所以我帮别人做了一些设计，或者家具摆好以后，基本上都会碰到类似的问题，业主会问我："吕老师，你觉得我应该穿什么样的衣服呢？"结果我就陪他去买衣服去了。因为我觉得环境也好，器物也好，慢慢地他就会改变的。作为一个设计师，如果对这个社会有些抱负的话，可能就是我们的方式。END

1 | 2
  | 3

1 南音音乐会现场

2 八方禅茶

3 新宋客厅

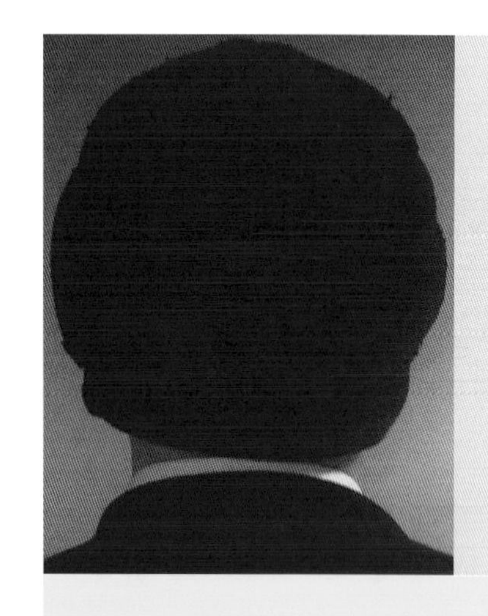

闵向

建筑师，建筑评论者。

预言：技术和商业革新的前夜

撰　文 | 闵向

本文为作者2013年的旧文新发，是一个非科技人员的胡思乱想，也是2016年底到来时，对3年前的回望。

我们正处在前所未有的技术和商业革新的前夜——这是我观察了最近几个看上去不相干的发明和专利申请后得出的结论。在这场革新中，手机将继续扮演主角，成为一个超级终端。目前手机作为超级终端，面临四个瓶颈：一，带宽；二，存储容量；三，屏幕；四，电池续航能力。不过就在2013年，这些问题似乎有了解决的前景。于是，在经过了3次深刻的谈话后，一个灵感产生了，所以我，一个非科技人员，预言手机将是未来生活的超级终端而不是所谓的穿戴设备，我们的商业模式和生活方式将随之而临改变。

新终端，技术的革新

带宽

4G能够传输高质量视频图像，能够以100Mbps的速度下载，上传的速度也能达到20Mbps，并能够满足几乎所有用户对于无线服务的要求。可以在DSL和有线电视调制解调器没有覆盖的地方部署，然后再扩展到整个地区。2013年底，美国4G网络覆盖全国，4G网络可以解决手机上网的无线带宽问题。

电池续航

已经很薄的iQi Mobile无线充电的技术完全可以更进一步整合到手机上，但它还需要一个充电板。苹果的新专利NFMR技术可以让手机摆脱充电板，但要在MAC一米的范围内。不过一个非科技人员的盲目乐观在于，认为总有一天手机可以利用任何无线环境充电。

大屏幕

只有在电力的充分保证下，许多技术才得以贯彻。持续的电力才能让手机真正成为投影仪，这帮助手机直接扩大屏幕，或者利用更高级的AMOLED屏幕扩展尺寸。当屏幕可以从5寸应需要即时扩展至10寸以上时，手机和平板电脑合二为一，它作为随时在线并充电的终端，面目初见端倪。

操控

如果将Leap Motion体感控制器合并到手机上，将帮助用户脱离屏幕平面而控制手机。苹果的新专利是离开屏幕表面进行多点触控输入的方式。这项专利可以被整合进平板电脑的CAD软件中，通过3D手势输入，实现对CAD对象的3D操纵，对软件进行3D建模或者输入。

数据采集

Occipital已经推出ipad专用便携3D扫描仪。这个技术完全可以进一步合并到手机上，将任何可见的物体三维矢量化，并通过3D手势输入进行修改或增益。个人化的3D视频和照片的拍摄也将成为可能，至少这点对我是个利好消息。如今建筑的评选都已经被图像所裹挟，那些强调在场体验的建筑设计被图像化设计所边缘化，3D 体验或许可以改变这个局面。手机的镜头作为数据采集器的功能会进一步加强，比如《基本演绎法》里的手机显微镜，izzi 推出的手机用便携四用镜头或许可以整合在一个镜头上。手机镜头一定会成为一个强大的数据采集仪器。

数据采集还包括生物信息。Iphone5s 的 touch ID 只是生物信息采集的一个初体验。将来手机可以采集用户的各种生物信息，包括身体健康状况。

数据存储

4G 将帮助用户采集大容量数据，包括生物信息，并上传至个人注册的云中。成熟的云技术可以真正成为手机无限大的随身扩展硬盘，并联系着其他外设，比如 3D 数据可以经由 4G 网络上传至个人超级云存储，或者进入大数据云共享并随时下载 3D 打印。

大数据

云的个人化使用最终让每个人都拥有自己的超级云。个人超级云的交互和管理将真正促进大数据服务行业，超级云的大数据管理更是一门大生意，这将改变行业理解市场的方法，行业根据数据分析将更精准地为需求提供产品，这样的成功案例已经在身边，《纸牌屋》便是运用这项技术，让一个自媒体公司成功地将处女作变成热门剧。得数据库得天下，将来城市管理中，建筑业、娱乐业、新闻业和广告业都将面临转型。社会的交易成本将大大降低，人们由此受益。

新建筑学

大陆的建筑设计师常常被作为市场试错的工具，不断提供不同的方案来为发展商做比较。双方都被折磨得精疲力竭，但往往依旧把握不准市场的脉络。如果依据大数据的分析和管理，房产开发的甲乙双方都可以就此精准市场定位，甚至通过大数据提供的目标人群，主动提供合适的产品。产品可以和目标客户在项目的概念阶段发生关系，目标客户可以以定金方式获得对产品的建议权，而节约未来预期的装修成本。这又和众筹网的方式有些类同，将来面对细分市场的房产商可以通过这个办法获得新的融资渠道，并能提供投放准确的产品，有效节约融资、设计、策划和广告营销成本。当然这一切要在国家法规允许的情况下。这样，建筑业就被悄悄改变了。

新的社会运作方式

因为每个人的超级云存储着这个用户所有的物理、生物信息以及虚拟信息。超级云的交互会创建出一个平行但服务真实世界的虚拟世界，云的清理和管理业务将成为一门大生意。网络和超级云安全也将创造数以万计的工作岗位。由此保险业将会有一门前景远大的网络和超级云安全的保险新业务，这项新业务直接在云端成交。云端的信息交换会改变许多传统行业，投资、教育、医疗、社会活动等等，超级类似比特币的虚拟货币将挑战传统货币。

新生活，技术最终推动物理空间的嬗变

超级终端让固定的 PC 成为摆设，依靠 PC 而束缚用户在家的电商的确极大地伤害了百货和零售业，但超级终端将拯救它们。随时在线商务、工作、学习、娱乐和购物的超级终端将和实体零售商店的超级云衔接。大数据帮助零售商提供前瞻性的主动性服务，零售商可以预测客户的需求，它的即时性、客户的地理接近便利以及实体体验将赢得超越旧一代电商的胜利。但 IBM 的预测师还不够大胆。实体体验不过是购物和社交的一个小部分，原本在家的购物行为可以在社交空间中完成，那么一度成为城市焦点的购物中心的布局和配置将发生改变。实体店兼具电商的便利之后，百货业将发生巨变，商业中心将成为社交中心。

这种主动性服务可以帮助建立更好的教育和医疗服务。每个人的学习习惯、生物信息和健康档案都在云端，都被大数据之云管理和跟踪。这种主动性服务帮助设计师在用户在选购住宅的时候预先调整适合客户实际需求的平面布局，毫无疑问，超级终端更可以将住宅变成真正意义上的智慧之家。

超级终端可以加载在汽车上，苹果的 Anki Drive 的技术可以从电玩继续发展到实际生活中，比如在离车情况下以无人驾驶技术安排汽车的停放。停车则将被集约化集中收纳，就此有效节约停车用地。市政配套的改进最后会有效改变城市面貌。

城市和社交中心的背后是日益庞大的物流。物流应该成为更精密的行业，并是市政配套的一部分，物流将有效利用公共交通网络，而每个居住单元的物业将承担最末端的分拣递送，由此物业管理的盈利将提高，客户的安全也得到保证。这是看不见的物流控制着看得见的物质消费主义。最后城市的运行和管理机制也被改变，城市空间随之改变，场所重新定义，建筑学自然而然被改变。这样看来，我们的确站在革新的前夜。

面对我描绘的壮观景象，突然间，我作为一个古典主义者的困惑产生了，我们更自由了吗？嗯，可能未必。END

陈卫新

设计师，诗人。现居南京。地域文化关注者。长期从事历史建筑的修缮与设计，主张以低成本的自然更新方式活化城市历史街区。

想象的怀旧——动物园的爱情

撰　文 | 陈卫新

1. 第一次听说，人也是可以被驯养的，叫什么斯德哥尔摩症候群。是真的吗？真是一种不知不觉的毛病。

这几天南京的天气忽冷忽热，阴晴难定。我不知道你为什么一定要去动物园，如果你决定了，我当然可以陪你去看。对于那些动物来说，我们只不过在铁网的另一面而已。顺便告诉你，南京的动物园很早就不在玄武湖了，搬去了红山。动物园大搬迁的时候是个有太阳的下午，空气中弥漫着一股淡淡的骚气味。他们安排我牵了一只叫“白下”的老虎，走在漫长的队伍中。队排得很长，从玄武门一直到城北的十字街。我想，那一批的动物现在早就死掉了，像死掉了的许多事情。我对现在的动物也没什么兴趣了，它们活得毫无尊严，它们的表情与现在的人一样轻浮。好了，不多讲了，上班了。你到南京机场时微信我。

2. 在动物园工作的那几年，我对于动物的相关知识一点也没有增加。身上的动物味倒是添加了一些。比如走路，比如吃饭的速度。真的是快。

1993年冬天，再次遇到你的那一天，你已经胖了许多，像观音姐姐。我们坐3路车，你说我的棉大衣破了。我低头看了看腋下，有种莫名其妙的害臊，我说，真的是呢。

还记得吗？中午，我请你在一个叫蓝鸟的餐厅吃的饭，点了炒鸡块，还有一盘清炒菠菜，菠菜真绿。可能因为没有切或是洗得太过百转千回了，我一筷子那一盘菜就都到了我碗里。你一直安静地看着我吃完。如同动物园里那些有同情心的看客。那时候动物园的天空总是很蓝，一个看客爱上一头动物是多么容易啊。

3. 玄武湖的荷叶是出名的，过去街上卖鸭子的有拿荷叶打包的传统。鼓楼的南北货商店，夫子庙的板鸭店都是这样。玄武湖的荷叶在每个季节都是独特的，在春季暖和的风中却显得格外残酷。因为春风一到，动物园里便充满了交配的气息。这种气息让动物们失去了原有的自尊，它们变得低三下四，就差在土里挖坑降低高度了。就像张爱玲说的，低到了尘埃里。有只孔雀开屏可能开得太久，似乎已经忘记了如何关闭，从铁网外看去，像一个疲惫的女人拖着一件极其名贵的大衣。当然这个比方是站在男性角度上说的，实际上开屏的孔雀都是公的。

那段时间，我给你打过无数的电话，一个比一个长，一个比一个无耻。为了能多讲会儿话，我在那些无聊的语句里填写了若干毫无意义的逗号，那些停顿让我口干舌燥又充满希望。应该说在1993年，玄武湖的长途电话亭是全南京最幸福的电话亭。我握住听筒的时候，都能感觉到那根线的真实性，那些存在过的话一句一句地沿着湖边的柳树，往着紫金山的方向消失而去，直到成为一个闪亮的点。

后来，我才知道紫金山那里的确是有个闪亮的点的，那是头陀岭上灯塔的灯光。这算是真实与真实以外的一次对照吗？

4. 鸟粪的气味实在是最有天才的一种气味，野蛮、有力、细细溜溜的，一直能抵到脑门上。以至于现在我只要看到笼养鸟，那种味道就会立马出现在记忆里，记忆犹新。鸟笼里的地面虽然每天都有专人冲扫，但这

20世纪30年代南京玄武湖摄影图片(陈卫新藏)

丝毫不影响这种气味的散发。有一阵子，我从梁洲那边往回看，那种气味似乎换成了图形格式在动物园上空盘旋，如同织网，梭来梭去，一刻不歇。

一般来说，下午的时候我会出去，在湖边走走或者干脆回去睡一觉。老T是分管我的领导，虽然才过五十，但头顶头发谢得厉害，左右侧面还剩了些三三两两的残兵草草地互相支援着。他的发质特别好，稍有弯曲，所以一旦分开，长长的垂挂下来特别顺溜，近似青年铁木真的画像。老T一般不会管我。他喜欢远远地用一种刁钻的、幽怨的目光看着我，一声不吭。原因其实也很简单。有一天，我悄悄对他说："你摸扫地小黄姑娘的屁股了吧。"他一下子僵住了，像鸟笼里那棵枯死的树。我说我是听秃鹫讲的，它看到的。"秃鹫？没听它讲过什么话啊。""你不知道吗？秃鹫知道我听得懂才说的。"老T缓缓地抬起手，理了一下布局均衡的头发，没有再说话了。此后，他就改作怨妇状了。我知道他在找我的漏洞，或者说他在等待找到我一个漏洞的机会。但我没给他机会。有一回我曾经有意把网拉开了一个洞，飞走了几只特别想走的灰雁，他们没有发现。

我坚持在湖边的行走，与其说是散步，倒不说是一种寻觅。后来，真的，告诉你，我真是找到一个漏洞了，一个有关玄武湖的真实的漏洞。

5.你到了吗？我在机场,似乎没见到你。今天南京又下雨了，你带伞了吧。玄武湖现在的人一直很多，与以前大不一样了，门票取消后，开始流行一种绕着水岸走路的运动——走湖，那些人都是这方面的高手。他们可以边走边做其他事。听音乐、吃瓜子、谈家常里短，夸张的还能打毛线。翠洲边上原来的万人游泳池也关门了。记得吗，我们去过一次的，当时我俩都穿得整整齐齐的，比泳装多好几倍。我们坐在水线后面的水泥台阶上，台阶是温热着的，还散发着白天吸收的热量。你说你听到江水的声音了。我不信。现在看来，你当时听到的恐怕真的是江水的声音呢。

6.我说过我坚持在湖边的行走，不能说是散步，应该是一种自然而然的寻觅。那个关于玄武湖的漏洞像个透明的影子，渐渐显现在光天化日之下。

那天我依旧是从梁洲走过去的，但不知怎么就走向了一条长长的土堤。土堤很窄，最窄的地方已经断了，两侧都是混沌的湖水以及拥挤的荷花。

世界上许多事情就是这样，譬如走一条不知名的路，譬如谈一场不合时宜的恋爱。不是不想选择，而是根本没有发现那是一道选择题。就像你问我的，一个学设计的人为什么会在一个动物园里工作。那天下午，我沿着那条堤，越走越深，也就越走越低，低到我发现一朵特别明亮的荷花出现在我肩膀一侧的斜上方。那朵荷花背后的天空是多么蓝啊，蓝得白云显得更白了。眼前的那块空地,足有篮球场那么大，周围的土湿湿的，似乎随时有淹没的可能。心跳得好快。

也就是在那里，我听到江水的声音，非常清晰，还有江上轮船的汽笛。当然，我也想起了你。END

高蓓，建筑师，建筑学博士。曾任美国菲利浦约翰逊及艾伦理奇（PJAR）建筑设计事务所中国总裁，现任美国优联加（UN+）建筑设计事务所总裁。

农场养成记

撰　文 | 高蓓

不务正业，搞了个农场。

今天早上卫生防疫所来突查，说是接到举报，做饭的付阿姨没有健康证，一群人来了又走，办公室开始按照要求准备执照、公章等等诸多材料，下午上交。

上个月是沼气池，也是一日突然来了一群人，镇里的村里的都有，也是接到举报，我们农场在非法硬化地面。来了一看，是一个 3x4m 的水泥沼气池，农场堆肥用的。领导们很严肃："这个是卫星照片拍得出的。"可是，有机农场有机堆肥总要场地吧。"这个不是我们管的。"领导们互相看了看。

再上个月，一群人要来查水泵房的证，"没证就是违章，就得拆。""可是建国以来水利设施就没有证。""这个不是我们管的，你要向上反映情况。"

拖了很久，没人来拆。又一日，接到上峰的指令：先把水泵房前的水泥地敲了。

再上个月，还是根据无所不在的举报，一日突然来了一群人，指示拆了玻璃大棚前刚刚施工的木栅架，没有理由，或者唯一的理由就是：不像农业设施。纵然它是用来爬丝瓜的。"你们弄得太好看了。"某人私下里告诉我。

谁再和我说中国的事儿没人管，我就跟谁急。

起码在上海，各个衙门，还有旁边村里的人民群众七十年如一日地被发动着，感觉时刻处在关（jian）怀（kong）之下。

对了，说到现在，还没说到种地呢。

昨天农场的陈老师说："这可怎么办，不让扔地膜。我们农场禁用地膜，先把原有土地中残留的地膜都清除出来。"垃圾站的人说："上峰指示，不能扔。""可这个是高污染的东西，对土地不好，我们不用啊。""对，就是因为污染环境，所以不能扔。"好吧，打听了下，既然不让扔，别人买了新的，把旧的挖个坑埋了。

每天都在这种幽默的逻辑中工作，心情怎么能不好。

李师傅沮丧地说莴苣的种子播下去大半都被野兔子吃了，我的心情更好了。这当然很难解释，难道我要让他去读一下那本《兔子坡》。

还有关于要求不打农药、不施化肥的事情，听闻零工中有人说我们有病，感觉心情更敞亮了。

如果你做了十多年的建筑设计，还有什么比开足心力完成那火急火燎的交图任务更烦的，还有什么比业主突然要求在水平出挑的屋顶加个坡更让人目瞪口呆的。不就是敲敲弄弄嘛，算了，我种树还不行么。

不行，连种树也不行，田里种两棵树，又引来了一群人，一个举报电话就能差使得了这么多人，是得多纳点税才行啊。

虽然啥也不能搞，朋友一来都挥斥方遒，“规划！规划！分片实施！”“搞营地！搞民宿！搞婚庆！”“要把特色做出来，先整几片林子！”

我陪笑：“好，好，说的好。”

你要是解释为什么一年以来树都没中几棵，就是要负责搞掂对方的愕然，故事太粗暴，搁我过了这一年也很难接受。总不能像现在的《南方周末》一样假：在这里，读懂中国。

也很不好意思告诉别人，自己只能像个真正的农民一样，面朝黄土背朝天。

心思都放在土上了。川沙的土壤，属于黏土一类，含沙量低，过去的三熟耕种，使得土壤受渍黏闭，肥力不易调节。农场的大多数土壤，即使是休耕一两年的，也有不同程度的板结。《地藏经》里说：谷米宝贝，皆从地起。要种植出色，首先得有一片肥沃的土壤啊。

于是撤换了案头的书摞，把什么《罗马人的故事》、《历史三调》都打包了，换上《农业圣典》、《堆肥工程实用手册》，白天画完公司 20 万平方米商业综合体的草图，周末和工人们一起砌沼气池。

沼气池底，一定要设置纵横两道凹沟，氧气水平和温度，是堆肥中创造微生物分解环境的关键，发酵慢，有机质就消耗得少，氮、磷、钾损失少，氮素回收率能达到 95%，钾在 90% 以上。别问我为什么，我一开始滔滔不绝就刹不住。爱上堆肥是一种什么感觉，是一种获得新生的感觉。

画了这么多年图，觉得天天都在索取，向这个脆弱的世界。高档的环境，漂亮的立面，一块块来自山里的精致花岗岩，一片片经过酸洗的微妙凹凸表面，如山的砖瓦，如林的混凝土梁柱，永远包不完的铝板……如此威武的、艰辛的、不眠不休的浪费。总算有一天，我把枯枝烂叶、废纸厨余都收集起来，慢慢地照看它们，变成暗黝的腐殖质，用来滋润干瘠的土壤。

然后再雇车雇人，到上海的那些马场里，把一车车掺着稻谷的马粪运回来；到那些榨油和磨豆腐的工厂去，把豆渣和籽粒运回来；到菜市场去，把一筐筐烂菜叶子运回来，堆好，慢慢照看它们，变成发酵后的团渣，用来滋润干瘠的土壤。

很多朋友说：“这么大的地方，终于可以自己作主、一展拳脚了。”我刚来也是这么想的。

可为什么后来不了呢？不知道，可能真的变成农民了。

就像姑娘嫁人之前吵着买金戒指，过门以后自个儿就不舍得了。

建筑师都爱盖房子，真的农民只爱土地，没事干，抓一把土捏在手里揉搓半天，唉，还是不够松，什么时候能够养出油啊，像隔壁王总对他的和田玉一样。

可惜有虫子，只能让别人抓起来代为揉搓，我来接着揉下的渣沫，仔细地看着，这世界上最为神奇最为珍贵的东西，日子长了，心里时不时就涌生起一种柔软的感受，还有一些雄心壮志：

好喜欢做这些很土的事，就想做一个很土的人。END

教授、建筑师、收藏家。
现供职于深圳大学建筑与城市规划学院、东南大学建筑学院。

陶香瓷韵
陶瓷建筑模型与建筑构件收藏

撰文、摄影 | 仲德崑

经过数千年的发展演化，中国建构了一个在世界上独特的木构建筑体系。但是，从千年的跨度来看，木构建筑的最大缺陷在于它的耐久性不好。地震、雷电、火灾、洪水、虫害、腐败都会对木构建筑造成极大的危害。因此，我国地面遗存唐代以前的木构建筑为数极少。现存在中国大地上最为古老的大件木结构建筑是建于唐建中三年（782年）的山西五台山南禅寺东大殿，其次是重建于唐大中十一年（857年）的五台山佛光寺正殿。至于此前的建筑究竟长什么样，我们已经无法找到实物遗存了。

所幸的是，在出土的一些明器文物中我们还能够看到战国、汉代一些建筑形象。这些我把它们称之为中国早期建筑模型，从中我们可以看到各个时期的建筑形象、建筑材料乃至于建造技术和建造方法。虽然大型博物馆很少作为专题收藏这一类物件，但作为一个游走于建筑与收藏之间的建筑师，理所当然会关注这些器物。因此在市场上见到的时候，自然而然就会收入囊中作为藏品了。30年来，我陆续收藏了一批陶瓷建筑模型，很乐意和大家分享。

陶瓷建筑模型 民居

在建筑历史书上，很少提及早期民居，至于它们的形象，就更少有人知道了。去年，我在深圳黄贝岭古玩城恰巧遇到一件，那是一个周末的上午，刚进古玩城，我就在一个地摊上看到这件灰陶房子。估计这件东西在摊主的摊上放了很长时间了，一见有人问津立刻迫不及待地以极低的价格让给了我，也算是货卖行家吧。

建筑为两层，楼梯设在室外，从院墙高度起步上楼，可以判断建筑的上层住人，下层养家畜，就像今天我国西南地区的干栏建筑一样。从这个建筑模型中我们可以知道当时先民的生活方式（图1汉灰陶民居）。

陶瓷建筑模型 谷仓

谷仓是古代最为常见的明器，我们的先人认为人死了是到了地下的另一个世界，仍然是需要吃喝的，所以用装满五谷的陶仓陪葬，从战汉时期一直到宋元盛行了一千多年。

由于各个时代、各个地区都有这一类型的器物，所以我遇到它们的机会比较多，收藏自然也就比较丰富。

战国红陶谷仓，造型十分简洁，反映了早期建筑的形式。屋顶虽然做成圆形，却是四坡顶的样式。从造型上来讲，谷仓墙体部分自下而上从圆渐变为正方形（图 2-5 战国红陶四坡顶谷仓）。

汉代绿釉陶谷仓，墙身装饰有卷草纹，线条柔韧有力度，它最大的特点是三只足是三个力士，孔武有力，让这件釉陶谷仓平添了几分皇家气派（图 6-9 汉绿釉陶卷草纹力士足谷仓）。

唐白陶谷仓，下部就是一个瓶子，肩部贴塑了一圈荷叶边，它的特点在于顶部，做成了一圈上翘的屋顶，屋顶的尖部两层台基上是一朵莲花。莲花上托起一个宝珠，建筑上称之为宝珠顶，就像当时和后来的宝塔顶部一样（图 10 唐白陶宝珠顶谷仓）。

宋代是谷仓最为兴盛的时期，特别流行与浙江和福建一带。

青釉多角谷仓，出于浙闽边界一带。陶瓷界对于仓身四角每排五个菱角状的装饰物一直有争论，而我觉得它可能和谷仓建筑的立柱装饰有关。屋顶做了三层荷叶边，上托一个宝珠，屋顶造型十分优美（图 11 宋青釉多角谷仓）。

最具有建筑特点的谷仓是这件宋代的酱釉谷仓。仓体肩部做了一层屋顶，可以看到有垂脊，屋角起翘，屋面做瓦垄、瓦沟，还做了莲花纹瓦当。这种莲花纹瓦当从六朝一直到唐宋都很流行。盖子上又做了两层屋顶，下层屋面和仓体肩部做法相同，而上层屋面就做成了歇山顶。垂脊、起翘一应俱全，而在屋顶的正脊两头可见鱼形鸱吻，正中模糊可见这个位置后来为常见

16

18

21

22

17

19

23

20

24

25

26

27

28

的宝瓶装饰（图 12、13 宋酱釉歇山顶谷仓）。

宋元时期的青白釉，在南方江西、浙江、福建和安徽一带普遍烧造。这件宋元青白釉四坡顶谷仓，做了一个四角攒尖顶，四条垂脊，端部起翘。屋面刻划瓦垄，是一种简化的表达（图 14、15 宋元青白釉四坡顶谷仓）。

明代北京天坛祈年殿以其三层蓝色圆顶著称于世，而这件的宋青釉谷仓却有五层屋顶，每一层屋面都做了瓦垄，顶部做三条垂脊却是在现实中不多见的。这件谷仓的仓体周边饰以模印的莲瓣纹，肩部饰卷草纹，青釉莹润沉着，十分美丽，即使在青瓷中也算是一件精品之作（图 16、17 宋青釉莲瓣纹五层顶谷仓）。

在我的谷仓收藏中，最具有说服力的当数这件宋代闽北窑口的青白釉五谷仓，它自铭为“五谷仓”。而这种见于器物自身的文字是考古界最为重视的。对于“谷仓”这个名称考古学界历来有争论，有的把它叫做“魂瓶”，认为它是死者灵魂寄托的器物，而这件“五谷仓”不仅表明了器物正确的名称，而且印证了后来“五谷”的含义。五谷，一般指的是稻、黍、稷、麦、菽。这件谷仓印证了至少从宋代，就有了“五谷杂粮”的说法。这件谷仓从建筑上来说也是极有特色的。它具有两坡顶，屋脊微翘，瓦面的刻划十分细致。正门上方的匾额上刻着“五谷仓”三字，门作五层插板，应该是随着粮食的装运逐层加插的。直至现在，在农村的室内粮仓中仍然可见这种操作方式。这个建筑谷仓的山墙上可见立柱、月梁、悬鱼等细部。特别可以看到一个小窗，窗边中柱上的圆形小环，是吊车的简化表达（图 18、19 宋青白釉五谷仓）。

陶瓷建筑模型 庙堂

在陶瓷建筑模型中，还有一类房子，不是民居，而更像礼仪建筑，我称之为庙堂。

这件唐代灰陶建筑，实际上只有顶部是基本完整的。但是，这个屋顶是十分典型的唐代建筑形式，极富收藏价值。特别是屋脊两端的鸱吻，和前文提及的唐南禅寺、佛光寺大殿的鸱吻十分相似（图 20 唐灰陶庙堂）。

从宋酱釉瓷庙堂上可以看到很多建筑细部。如正面门洞就是我们通常称为“壸（念 kun）门”的形式。山墙上可以看到的披檐，就是现在在浙闽民居中仍然可以见到的“假歇山”的做法。屋顶上的鸱吻等装饰也十分生动，有点“萌萌哒”（图 21、22 宋酱釉瓷庙堂）！

明代素胎釉瓷庙堂，局部施蓝釉和酱釉。建筑为两进，中间布置天井。屋顶施酱釉，屋脊中部葫芦上施的蓝釉亮丽突出，起到画龙点睛的作用（图 23、34 明素胎局部蓝釉酱釉瓷庙堂）。

陶瓷建筑模型 井亭

在陶瓷建筑模型中，常常还可以看到猪圈、狗圈、鸡笼等等，但比较建筑化的要数陶井，或者叫井亭。井亭有顶，常常木架上装有吊桶的辘轳，有的还配有水桶。这两件井亭，一件装有辘轳，另一件配有一只桶，桶上作相对的两孔，供穿绳。从桶身刻划的纹饰看，这只桶模仿的是至今仍然可以见到的用柳条编制的柳斗（图 25、26 汉灰陶井，图 27、28 汉灰陶井）。END（下篇待续）

波士顿街头壁画的艺术渲染

撰文、摄影 | 张峥

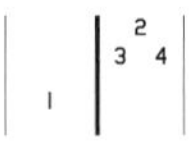

1 停车区旁富有视觉冲击力的大幅壁画

2 连续的墙面上的壁画具有戏剧化或活动性特征

3 元素丰富的壁画

4 餐饮内容的壁画呼应了餐馆主题

波士顿是美国最有历史的城市之一，文化教育、医疗健康及生物科技在美国甚至世界上都处于领先的地位。当步入这座人文气息浓厚、科技发展领先的城市时，我期盼着能从城市的一点一滴中瞥到这些要素，看到它们是如何和谐而自然地组合在一起的。咯吱咯吱的绿皮火车缓慢地行驶在百年沧桑的地铁隧道内，汉考克大厦的通体玻璃幕墙映衬着精雕细琢的三一教堂，穿梭于其中不同肤色的人有条不紊、富有活力。为了真正能将现代文明、多元文化及历史风格等完美编织在一起，绝大多数波士顿的建筑都处理得低调而内敛，没有夸张炫耀的造型，摒弃光鲜夺目的外表，而采用建筑美学的基本形式语言，从而形成造型素朴、比例优美而讲求细节的特点。游荡于这亦古亦今的城市街道之中，几乎看不到扰人心弦的户外商业广告，更是模糊了时代的界限，让人感到这座城市犹如一个步伐稳健、从容理性的学者，甚至还有一分沉寂。然而，时常会跃入眼帘的街头壁画，瞬间给这一切平添了不少生机，着实让人眼前一亮。作为一种充实并柔化建筑环境的手段，这些街头壁画丰富了人们的生活空间。如果把波士顿的城市空间比作室内空间，建筑就如同硬装部分，线条硬朗、端庄素雅，而壁画则是软装阶段的装饰画，内容多样、富有情趣，共同形成了张弛有度、层次丰富的整体环境。

场所效应

纵观波士顿街头壁画的存在场所或部位，大致可分为如下三类：一是停车场、运动场等开阔场地周边的墙面；二是商业街中非临街面的墙面；三则是城市街道中重要的转折部位。在第一类场地中，由于视野开阔，大片墙面非常容易吸引人的视线，因此画面的尺度比较大，且都气势磅礴，给它所属的空间添加了戏剧化或活动性的特征。波士顿的高层建筑不多，低矮的建筑围合出的停车场显得比较空旷，大面积的墙面充当着“画布”，即使有建筑的出入口，通常也不是主要出入口。在这种情景下，壁画非常有视觉冲击力。而在第二类场所中，壁画通常充当着临街立面的陪伴者，其角色的定位比较微妙，即不能喧宾夺主，抢了主立面的地位，还要给路人带来意料之外情理之中的视觉体验，因此其表现内容往往和临街立面有一定的相关性，却又更加灵活和生动。位于 Brookline 主要商业街上的这个小餐馆，次要临街面完全是一幅餐饮内容的壁画，和主要立面相互呼应。第三类存在场所中的壁画则完全不同，由于所处位置通常占据着街道上的重要部位，所以其自身就应作为独立景观而出现。既然这类壁画在街景中的主体地位比较突出，自然更加要隆重地粉墨登场。然而，无论壁画出现在哪类场所中，不管是处于主导地位还是从属地位，都将和邻近的建筑、场地、道路甚至绿化发生相互作用，并最终和它们组成一个整体。

LEGAL

1 建筑立面的壁画
2 中国唐风壁画
3 彩绘玻璃窗户
4 清真主题壁画

内容表达和形式意义

城市街头壁画的受众是非常不确定的群体，特别是在波士顿这样一个高度国际化的城市中，观者不仅仅会有年龄、性别、教育、职业等方面的差别，更大的差异存在于国籍、种族及文化背景。而作为街头壁画这样一种形式化的大众语言，既在向观者传递一种内容信息，也在宣扬该场所建筑、环境及其中所渗透的人文精神。从这个意义上来讲，壁画既是城市环境的组成部分，也是城市环境和人之间的一个中间媒介。从 Roxbury 地铁站走出来，首先进入视线的只是一条寻常的马路，毫无特征可言。当我正要试图寻找些什么时，面前一个柱子上画的清真寺塔楼跃入眼帘，未等定睛细看，却发现该塔楼就在不远处的后方，于是画与画中的建筑共同组成了这个互映互融的景致，其中所蕴含的伊斯兰文化也让人感到近在咫尺。

在记忆之中，国外唐人街的标贴性符号总是古色古香的中式牌楼和喧嚣市井的各类店铺。在这些方面，波士顿市中心的唐人街也毫不例外。随处可见的书法大字与英文相伴出现，在异国他乡浅显明确地诠释着中华文化，产生出交融与碰撞。等我看到停车场中这幅巨大的壁画，在感觉熟悉而又陌生的同时，心中瞬间多了一丝凄凉感。巨大而破落的墙面映衬出画面的单薄和微不足道，画中饱含中华元素，画外却是一片空寂，这倒也很能和身处他乡之人的心情产生共鸣。事实上观赏街头壁画从来就不应只关注画面本身，画面外的场景也同样重要，只有最终的整体才构成了其内容及形式的表达。

美式文化语言

街头壁画作为一种艺术形式，装点着人们生活的城市空间，同时也折射出美式文化中那种包容、实用且富有激情的特点。这种艺术语言形式不是孤立的，它存在于美式生活的方方面面，如在美国的节日或庆祝活动中，频频出现并特别受儿童欢迎的活动之一就是脸画（Face Painting），而建筑上的壁画与之颇为类似；很多小别墅的进户门旁边常常会出现一两扇彩绘玻璃的窗户，用图案和色彩丰富着入口空间；人们很喜欢选购一些具有装饰图案的家居饰品，因此在不少商店中都可以看到具有东南亚、非洲等国家特点的木制品和金属器皿。在开放兼容的美式文化中，一方面现代建筑和工业产品不断强调着简洁时尚的现代美学，另一方面富有装饰意味的壁画和工艺品也渗入其中，并和谐共生。在波士顿这座具有厚重文化历史感的城市中，现代科学和多元文化更是被深深地内藏其中，街头壁画以其特有的艺术语言形式流露出其丰富的情感要素，优雅而且自信。

城市街头壁画艺术的表现方式和表达内容多种多样，不拘一格。虽然同城市建筑和雕塑相比，它们可能会显得比较简易，缺少体量感，寿命也更短，但给人的感受却是异常缤纷多彩，生命力也无比鲜活。当我漫步于波士顿的大街小巷，捕捉到这些角落里的各个壁画时，真切地感受到正是由于它们的存在，更加渲染出这个城市的另一缕艺术风情。END

马西米利亚诺·福克萨斯（Massimiliano Fuksas）1944年生于罗马，是世界建筑领域的顶尖人物之一。他擅长各类公共项目，如机场、学校、和博物馆等，深圳宝安国际机场T3航站楼正是其在中国的成名作。同时他在室内设计领域也有不凡表现，经典作品是位于纽约、东京、上海等地的阿玛尼（Armani）专卖店。

马西米利亚诺·福克萨斯（Massimiliano Fuksas）：设计无国界

撰文、采访 | 郑紫嫣
资料提供 | 精品家居

2016年9月25日，福克萨斯作为论坛嘉宾在上海参与了"2016 BEST100大师设计论坛&最佳设计颁奖盛典"，盛典论坛上，福克萨斯与观众与嘉宾进行了精彩的对话，并在活动后，接受了《室内设计师》杂志的采访，本文一并进行整理，与读者分享他多年来的设计心得。

ID=《室内设计师》
B = BEST100 论坛现场嘉宾 / 观众
F = 马西米利亚诺·福克萨斯

ID 目前在国际上涉及建筑设计的奖项越来越多，您觉得那么多奖项的设置对于建筑行业有没有一些促进作用，或者是弊端呢？

F 我认为这样很好，尤其给了年轻设计师很多上升的台阶和机会。给予奖项，总比他们的作品和名字仅仅在一页纸上出现要好。但目前我们有很多复制品，应该有更多创新。

ID 您的设计总是充满了一些比较大胆的元素，比较现代，可以谈谈您对历史建筑或者传统建筑的看法吗？

F 我并不十分明白你所说的"传统"或者"历史"建筑的含义，在你看来他们是好还是不好的呢？

ID 好或者不好，只是个人的评价，像您建筑中出现的那些非线性的元素，它们并不是传统上认为建筑那种横平竖直的构成。

F 那么什么是传统（Tradition）呢？

ID 比如上海的里弄、民国时期的街道、外滩的老房子、历史保护建筑那些类型，或者说是上个世纪，或者更早建造的房子。

F 我对于这种"传统建筑"或"历史建筑"的概念并不是很清楚。南京东路老外滩对着浦东的那些房子，能算是传统建筑吗？我并不这么认为。任何一个建筑都是不一样的，可以是古典（Classical）的，可以是文艺复兴式（Renaissance）的，可以是新哥特式（Neo Gothic）。我的认知中并没有"传统"这个概念，建筑重要的是它是否是好的，是否对于城市是好的，是否有利于人的使用，重要的是建筑本身的价值。

ID 不谈"传统"这个限定词，如果有机会，您愿意做一些老建筑的改造项目吗？

F 对于老建筑，在这么长时间中，它们被改变了多少？哪些是好的，哪些是不好的？就好像一个女人一样，在一百年之间会发生一些什么样的变化呢？每一个阶段都有不一样的形态，很多东西都被改变了，这并不是美与丑的区别，我们更应该关注和在乎的是它未来的美和价值。

ID 目前中国建筑圈流行乡土建筑，即去乡村里和自然间盖房子，您对此怎么看呢？

F 为什么不呢？我觉得这个挺好的。如果他们觉得这项实践很棒的话，他们完全可以放手去做。如果不喜欢，就不做。乡土或风土的概念（Vernacular）和艺术一样，艺术是没有标准的。

ID 您积累了那么多年的声望，也创作了那么丰富的作品，接下来的时间会不会做一些新的尝试，或者说，对自己有没有一些新的期望？

F 我确实希望继续尝试一些不一样的事情，但是对于我接下来要做什么，并没有一个明确的目标，在这里我也没办法具体公开于大众。重点应该还是放在意大利。

ID 您对中国未来的设计有什么期待？

F 这是一个非常宏观和巨大的问题，相当于问了"你如何看待中国的设计"，在我看来，中国只是世界建筑大环境中的一部分，我并不想讨论特指中国建筑设计的问题，作

1 福克萨斯在 2016 Best100 论坛现场演讲
2 纽约第五大道阿玛尼专卖店
3 深圳宝安机场 T3 航站楼

品是无国界的。在当今全球化的过程中，任何国家和地区都具有一个非常良好的关系。对于建筑作品，我们更追求的是作品的质量，而不是国界的问题。

B 作为一名设计师，思考不同的项目，您产生如此丰富的建筑形式的原点是什么？

F 我觉得世界上所有的东西可以变得很简单。你所谈论的是创造力，那么什么是创造力？它来自哪里，被用于哪里？我们不知道我们创造了什么，也不知道创造了哪些活动，但是我们知道，我们也需要情绪化。没有情绪，我们就无法生存。但这也不足以给予它们全世界，这是不切实际的。人们情绪化的活动，感受生活是很重要的，但我们必须给予自己足够的经验和时间的磨练。

B 您与夫人多丽安娜（Doriana Fuksas）有很强的个性和艺术性，像整个意大利的设计一样，不是从理性的角度来设计，都充满了激情，给了我们很大的震撼。设计可以是非常理性的，是一步步推导出来的，也可以是非常感性的，由灵感瞬间产生的。

F 我很赞同这个说法，没有办法说不，我很高兴我能坐在这个位置上。这个说法是对的，因为灵感、情感、活动，这些在现代生活中都是很重要的，因为我们所有人都值得活得更好。

B 如果希望做一些高端品牌的系列设计，我们需要去完成哪些方面来打造这个高度？怎么让更多的人发现我们？

F 我们和乔治·阿玛尼（Giorgio Armani）的关系很好，尤其是我太太。然而乔治·阿玛尼不是我太太的客户，而是我的客户，是她偷了我的客户。阿玛尼打电话给我，说希望听到我对项目的描述，但是我们对项目的沟通并不顺利，互相争论。他来我的公司的时候带了两个保镖，说看到我之前的很多作品，觉得做得很好，问我怎么才能将小的灯光注射到包袋中。然后他的助理说："你需要去问一个建筑师，福克萨斯不是一个建筑师。"每个人都在笑。我把这件事告诉我了我的太太，我太太问我，为什么你希望和阿玛尼合作，你可以和任何人合作。我的太太设计过很多著名的系列，她很成功。设计产品是一件很有趣的事情，最重要的是，你不复制别人的创意，你必须用自己的方式去设计。我从来不复制，我只偷别人的创意，但你必须将其变得更好。复制抄袭是一件很愚蠢的事情。

B 在当代中国进入全球化的设计时代里，中国人还是有自己难以忘怀的基因，这两个边界间，如何去真正地融入这个时代的潮流？

F 我对中国的未来充满了幻想，我敢肯定中国的未来将超乎你们的想象。设计师、建筑师、媒体，以及人们的生活方式，将变得越来越好。会有很多超凡的、特别的作者和建筑师，我觉得未来在中国，生活会变得很简单。我可能在办公室的时间多过于与客户在一起，我在办公室画画、设计和交流。有时候一些客户告诉我，他们见到我的时间太少了。我的上一个作品，是有策略性的，反对概念、反对情绪，又或者说是情绪与策略的战争，但是我们不再需要策略，我们不希望成为美国总统，而想要的是充满激情地去办公室，去工作、去设计。如果我们充满激情，就能用正确的方式，从正确的方向去改变世界。如果我们没有激情，那么我们只是一个职员，这只是一份工作而已。它不能是一个表面上简单的东西，而是激情。我们必须要拥有激情，去预见未来。年轻人就是未来，我们不能摧毁女儿、儿子的未来，我们必须一起去创造未来。

B 中国设计在世界上现在处于一个什么样的地位？

F 建筑流行于整个世界，你陈述的时候，区分了中国人与外国人，这一点没错，但是我们属于同一个世界。很多中国人会问："什么是设计，什么是绘画？"，全世界有很多出色的艺术家，所以请不要说中国人与外国人，因为在这个世界我们有着同样的生活，你是世界的一部分，世界末日也是中国的末日，所有东西都会在那一瞬间全部消失，我们是一个整体。END

造作上海首店开幕

资料提供 | 造作

2016年7月，造作全球首店——北京颐堤港店开业仅仅3个月之后，造作进驻了上海，并在10月15日举办上海首店开幕派对——“造作和他的朋友们”。

造作，寓意“制造”与“设计”，签约全球27国82位设计大师，与中国8省51个精工大厂合作，为全球年轻的新中产阶级提供“世界设计”、“精细品质”和“适中价格”的家具家居产品。

除了“世界设计”一大特色之外，造作强调实业制造的精神也在此次上海店的选址中可见一斑。长宁区番禺路的幸福里，位于法租界区域，前身是20世纪六七十年代建成的上海橡胶研究所，但内部的装修与邻近街区的设计风格却相当现代，历经两年时间改造，从历史中蜕变为全新的时髦街区。在这里，造作不仅将成为上海新文化地标的重要组成部分，也是回眸历史时对强大实业制造的回应。

开幕当天，来自意大利的设计大师，同时也是造作艺术总监设计的丝绸椅，布满幸福里的整条道路和户外阳台，造作和她的朋友们一同揭开了造作上海店的神秘面纱。

整个空间，延续意大利设计大师、造作艺术总监luca Nichetto在北京店铺的设计初衷，去掉粉饰的场景和繁复的硬装，以高亮白为底色，突出每一件产品的所有细节，让消费者可以自由搭配选购。方格元素被大量重复应用，802个格子、千余条规整收敛的直线，精密拆解整个空间，同时满足了陈列这一功能诉求。Luca用“笔记本”的概念串联整个设计巧思，连接格子的金属线条像是笔记本上的网格线，一切都是未知，只待用户自己去书写全新的生活。200m^{2}的二层空间，包括卧室、读书角、客厅、休闲区等功能区，但并没有使用墙体区隔空间，而是采用全开放型设置，如果你愿意，可以按照自己想象的场景，随时移动家具。

随新店首发的还有造作的全新产品线——文具。由获奖无数的西班牙Yonoh设计工作室创作的芒草文具和瓦伦西亚花砖文具系列，以及造作In-house团队设计的棱镜文具系列和雨林文具系列，包含便签贴、铅笔、记事本和文件夹。END

双城之约，如期开启
2016 米兰国际家具（上海）展览会

资料提供 | 米兰国际家具（上海）展览会

首届米兰国际家具（上海）展览会于2016年11月18在上海展览中心隆重开幕，意大利经济发展部副部长Ivan Scalfarotto、意大利对外贸易委员会（ICE）及相关政府机构代表、国内外设计界名流及主流媒体应邀参加，共同见证家具与设计行业国际风向标——米兰国际家具展中国首秀的开启。展会于11月19至21日正式面向公众开放，无以伦比的意大利制造设计家具和意大利生活方式缤纷亮相。展会精选了56个来自意大利的领军家具品牌，充分展示卓越的“意大利制造”品质和意大利手工工艺的美感与创意。

展会期间，还有一系列具有标志性的意大利生活方式品牌，与设计家具一起，展示享誉全球的意大利生活方式秘籍，它们包括时尚产业中杰出的时装品牌艾尔玛诺·谢尔维诺（Ermanno Scervino）、自然融合设计与精密技术的手表品牌沛纳海（Panerai）、对至臻科技和车身设计不懈追求的法拉利（Ferrari）、象征正宗意大利设计的摩托车杜卡迪（Ducati）、弗朗齐亚柯达产区的顶级起泡酒Cà del Bosco、正宗高端意大利浓咖啡意利咖啡（Illy）、继承了百余年意大利风味特色和风格的世界高端矿物质饮用水圣培露（S.Pellegrino）等。这些象征意大利卓越品质的旗舰品牌都被汇聚在上海展览中心的中央位置“意大利广场”。这里也是大师班（Master Classes）的举办场所，由意大利享有国际声誉的建筑设计师Fabio Novembre、Massimo Iosa Ghini、Marco Romanelli和Tiziano Vudafieri，分享设计心得及设计趋势，并且举办了“创新可持续设计”为主题的论坛活动。

除此之外，“卫星展”也首次来到中国，与展会同步进行，向富有创造力的中国新锐设计师致敬。卫星展始创于1998年，致力于为35岁以下年轻设计师的职业发展提供支持，并与米兰国际家具展形成了良好的联动。卫星展作为首个以新锐设计师为中心的活动，一经推出，就成为企业、人才发掘者和年轻有为的设计师们的重要交流平台，此次41位中国设计师呈现了他们兼具传统和创新特点的作品。END

Nanoleaf Aurora 智能奇光板中国首发

2006年11月18日，加拿大智能照明公司Nanoleaf联合中国原创设计家居集合品牌尖叫设计在上海发布最新的智能照明产品——Nanoleaf Aurora智能奇光板。这是款可以任意拼接的模块灯，三原色与多层次白光LED芯片的搭配，让Aurora智能奇光板可以提供多达1600万种的颜色选择。卸下极光的高冷和触不可及，无论是大胆尝鲜的极客一族、童心未泯的辣妈帅爸、小资情调的餐吧老板、室内设计圈的大牛……都会与Aurora智能奇光板互动，激发出心中那个隐藏的艺术家。同时，它也是Nanoleaf与Apple Homekit合作的第二款产品。与Apple研发团队的磨合与碰撞，让其出落成一款在工业设计上的艺术品。同时，极流畅软件的互动才是产品的最大亮点，它提供了三种控制方式，分别是iPhone手机端的Siri语音控制、产品自带的控制面板以及Nanoleaf App。

2016 AXENT 新品发布会在沪举行

智慧改变生活——2016 AXENT恩仕新品发布会近日于上海隆重举行。备受世界瞩目的AXENT恩仕AXENT.ONE C、AXENT.ONE C PLUS、PRIMUS智能坐便器正式亮相，颠覆了人们对时尚卫浴的想象，以化繁为简、极致智慧的独特体验为卫浴史上又增添了靓丽的一笔。AXENT.ONE C系列智能坐便器采用了全新的无水箱冲刷技术“漩冲技术”，巧妙地利用自然现象和科技原理，实现了水流持续强劲的无水箱冲刷。最吸引现场嘉宾眼球的莫过于ONE.DIAL一键触控技术，其保留了曲线的玲珑隽永，细腻光滑、温润如玉的设计带来更直观便捷的卫浴体验。

奢华度假村 TRISARA 开启新旅程

在大规模整修后，家族式奢华度假村Trisara将于2016年12月重新开启。为让客人体验本地的丰富人文遗产，获奖无数的全泳池别墅度假村将会推出新的别墅类别和Spa中心，为您提供独特的餐饮服务以及创新的个性化客户服务。

新的海景泳池精致套房全都矗立在Trisara的最高观景位置，每一个倒影池里都映着袅袅树影。美丽的石灰乳柚木和泰国丝绸营造了一种泰国独有的优雅而永恒的氛围。在与海景泳池精致套房位于同一高度的，还有一种面积更大的房间，就是Trisara高级海景泳池套房，它的特点是内设一个超大睡床、淋浴室以及休闲和用餐区域，这个区域也可以换为沙发床；此外，还有宽阔的露台和长9m的泳池。所有的套房都可以观赏到Trisara的私人海滩和迷人的安达曼蓝绿色海水。

第11届上海双年展开幕

第11届上海双年展于2016年11月11日在上海当代艺术博物馆开幕，本届双年展主题为“何不再问：正辩，反辩，故事”，由主题展和城市项目组成，共有来自40个国家的92位/组艺术家参展。本届双年展主策展人为印度的Raqs媒体小组，叙述源头之一是刘慈欣的科幻小说《三体》。在一楼展厅正中，一名舞者手持扫帚，将地面上的稻谷扫拂出图案。这件行为作品的名字叫做《如实曲径》，作品介绍指出，它所探索的是自身所创作出来的神圣空间，但其背后有何深意，观众只能自行揣摩。展厅二楼，中国美术学院跨媒体艺术学院出品《存在巨链—行星三部曲》成为双年展规模最大的单体作品，远远望去，如同巨大的星球表面，待走入其中，才发现里面别有洞天。观众通过曲折狭长的内部通道进入一个又一个独特的空间，仿佛一场星球探索之旅。

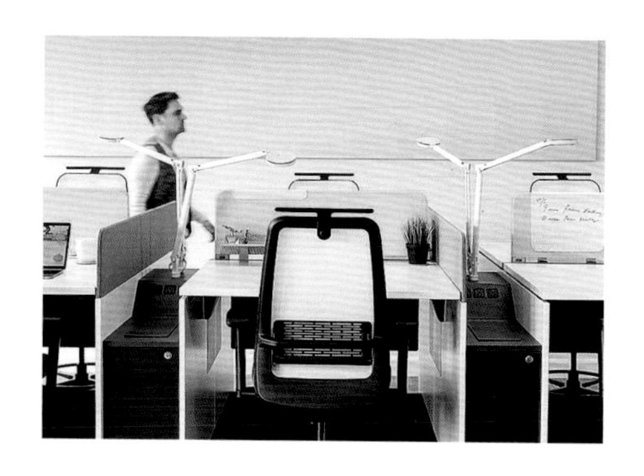

Steelcase 发布 Navi 灵活个性办公产品

格子间、大通桌、嘈杂无序的办公环境，无疑给每天8小时甚至更久的工作时间增添了更多的烦躁与压力。近日，美国知名办公家具品牌Steelcase创建了一套全新的办公空间解决方案Navi TeamIsland，支持员工一天工作所需的不同模式。该系列产品基于对中国和印度市场调研而设计，力求优化办公空间的同时，更好地满足成长型市场的变化所需，并可以创造出一个空间生态系统，在单独工作时支持员工选择合适的办公空间和工具，来满足他们在特定时间的特定需求，或是对于工作方式的偏好；在团队合作时，通过不同的模块化配置，可以便捷地进行收缩或扩张，是一个很好的支持协作、自由弹性的办公空间。

上海当代艺术博物馆：21x21 蛋糕设计展

2016年11月18日，一场由21cake主办的蛋糕设计展呈现在上海当代艺术博物馆观众面前。廿一客邀请廿一位活跃在各个领域的设计师，尝试用不同的方式，在口感和美感的运筹之上，让一块方形蛋糕获得更多的可能性，21款Design Cake应运而生。

“重组”蛋糕是建筑设计师张永和的作品。他喜欢吃老式的拿破仑蛋糕，但拿破仑放进嘴里一咬就散了，对蛋糕来说就是一个灾难。所以他的想法是如何设计出一个Mille－fruitless（千层酥）蛋糕。抽取一块酥皮，蘸取适量奶油，适合几个朋友一起吃。糕体和奶油分开放置，也解决了这种蛋糕容易变得不脆的问题。

CIID
China Institute of Interior Design
中国建筑学会室内设计分会
ORIENTAL TREND
潮起思汇
东道之仪
ORIENTAL
TREND
DESIGN
WEEK